U0176593

培养富足的孩子

10 岁前掌握，一生受益的金钱法则

［日］三浦康司　著

闫雪　译

中国友谊出版公司

图书在版编目（CIP）数据

培养富足的孩子 /（日）三浦康司著；闫雪译．--北京：中国友谊出版公司，2020.9

ISBN 978-7-5057-4970-2

Ⅰ．①培… Ⅱ．①三… ②闫… Ⅲ．①财务管理—儿童读物 Ⅳ．① TS976.15-49

中国版本图书馆 CIP 数据核字（2020）第 155246 号

著作权合作登记号　图字：01-2020-5009

项目合作：锐拓传媒 copyright@rightol.com

书名　培养富足的孩子
作者　［日］三浦康司
译者　闫　雪
出版　中国友谊出版公司
发行　中国友谊出版公司
经销　新华书店
印刷　三河市双升印务有限公司
规格　700 × 960 毫米　16 开
　　　10 印张　103 千字
版次　2020 年 9 月第 1 版
印次　2020 年 9 月第 1 次印刷
书号　ISBN 978-7-5057-4970-2
定价　42.00 元
地址　北京市朝阳区西坝河南里 17 号楼
邮编　100028
电话　（010）64678009

推荐序

让孩子一生不受困扰的金钱法则 / 孙瑞雪

这本书的封面上写着10岁前掌握，三浦康司先生在孩子财商智能的发展上，年龄的选择极为准确。从7岁起儿童就进入了财商的“敏感期”。书中建议从3岁就可以开始让孩子感受金钱这个概念了。我极为赞同。

我这样写是基于自己作为教育工作者对0—12岁孩子的观察思考。进入小学后，孩子普遍对钱很感兴趣，这个兴趣是内驱力引发的，因此这个时候进行关于钱的教育是最好的时机，也是最有效的。

有许多东西是从出生到死亡一直跟随我们的，比如健康、关系、金钱和爱。金钱是最重要的项目，因为这和生存有关。有一次我和一位刚毕业的大学生聊天，他说：“我的同学里，会管理金钱的很少，很多人总是陷入对金钱的焦虑、混乱和不安全中。”我吃了一惊，而且非常有兴趣地问：“你怎么样？”他说：“实际小的时候就必须接触和学习金钱，如此重要的命题，必须在孩子时就完成，这样就会成为生活的一部分。我小时候很幸运。”在孩童时期就学习如何管理金钱，将来变成生活的一部分，这是一个理想，而且不仅仅家长和孩子进行，学校里也应该开设这样的课程才对。这正是本书的重要之处。

看完这本书，它让我产生一种感觉：每个人都可以从容淡定地在求生的路上走完自己的一生。基于这样一种愉快的感觉，我希望所有的孩子都能从中受益。

这本书的第一个特点就是从感觉出发，让孩子通过每天可触摸到的东西感觉金钱。比如钱的重量，有钱包都会心潮澎湃，孩子拿钱的紧张感，浴盆里的水和纸巾都是钱等等，所有对钱的认识都是实感。尤其是如何给孩子零用钱以及规则的建立，都是为了让孩子学会“懂得感恩”“懂得储存”和“懂得用钱”。

第二个特点是，每一步对钱的认识都是从自己生活中的小事、自己家里的情况、父母的情况出发，最后，了解金钱，实际是在了解父母、家庭、职业、社会、世界和自己的未来。比如通过了解“世界上的钱”及汇率感受自己与世界的密切联系。这种联动的方式实在是非常精妙。

第三个特点是，循序渐进，表面上是“10 岁前”掌握，实际上是让你一直可以受益终生。就像书中所写：0—20岁父母出钱，学习金钱知识，为未来做准备；20—60 岁，挣钱和投资；60 岁以后，靠储蓄和养老金生活。提纲挈领，让孩子理性地看到一生的过程。

第四个特点是，职业和理想具体、理性、可把控。我们平时总是听孩子说“我的理想是成为一名科学家”，很多理想是大而空的，不现实。但这本书，理想就是贯彻在对金钱和职业理解的每一个步骤里。比如日本存在 2.8 万种职业，父母的职业和职业责任，工资、收入的结构，金钱的流动等等，了解这些之后，职业就变得更加具体化和理性化了，然后和孩子一起用“倒计时计划表”，看要通过什么途径实现这个理想。然后又安排了家庭的开支一节内容，似乎在告诉你，你的职业和你未来的家庭开支是紧密相连的，你可以有把握地安排你的生活。

这是一本适合孩子和家长一起学习和成长的书。我相信，如果家长和孩子一起认真进行了，就一定和我一样，带着愉悦和自信的心情，重新调整自己的生活，你对孩子的担忧也会减少许多。

正确地使用金钱，让自己成为一个独立的人。

自序

写给为财商教育烦恼的父母们 / 三浦康司

天下的父母都希望孩子能过上不用为金钱烦恼的幸福生活。

然而，在学校里，基本上都没有关于金钱的教育课程，所以父母那一代人对金钱方面的知识都所知甚少。连自己都没信心的事，自然也无法教给孩子。因此，对于如何让孩子了解金钱这个问题，父母都有担忧和不安。

我作为“日本孩子生存力养成协会”的代表理事，创办了儿童财商学校，在全日本培育了 250 名专业的儿童财商教师。创建这个学校的初衷是为了向购置了房产的育儿夫妇提供一些关于金钱的科普知识。后来，慢慢地，学校的知名度越来越广，最后发展成了独立的商业性讲座。

我本人是金融策划师，一直秉承着“重要的事情要用简单的语言愉快地讲述”这样的原则，举办过各种各样的活动，比如，建立把孩子的零用钱以 12% 的年利率来存储的“爸爸银行”；通过角色扮演来学习商业交易流程的“商店游戏”。通过这些方式来让孩子一边玩耍，一边了解金钱的意义，启发孩子思考如何用钱生钱。这些活动都得到了超过预期的好评，大家纷纷评论道：“讲解得非常容易理解”，“活动成了对孩子灌输金钱观念的契机”等等。

这本书是针对育儿中的父母所写的。

书中罗列了孩子最关心的零用钱问题、世界上的各种货币，以及日常生活中经常使用的钱，包括“无形货币”等等，涵盖了 10 岁之前的孩子应该了解的所有金钱话题。

当你在为如何对孩子进行财商教育烦恼的时候，这正是学习的最好时机。所以，拿着这本书的爸爸妈妈们，现在正是你们抓住机会的好时候！

金钱是获取幸福的手段，但并不是幸福本身。希望爸爸妈妈们和孩子们一同思考：怎样实现自己将来的梦想、怎样成为理想中的自己和应该怎样跟金钱打交道。

金钱既不是肮脏的东西，也不是恐怖的东西，就像新鲜的空气和水一样，是我们生命中不可缺少的重要元素。

为了孩子们的未来，让我们从头开始学习什么是金钱、如何运用金钱、如何积累金钱吧。

目 录
Contents

第1章 请大人和孩子一起思考：钱的本质和零用钱的法则

第2章 发现金钱真正的价值！——“生意的本质”

第3章 现在的孩子最不可或缺的是和“无形货币”打交道的能力

第4章 从更广阔的视野了解：“世界上的钱”及汇率的故事

第5章 让孩子们的未来更富有：制订生命计划和确定将来的梦想

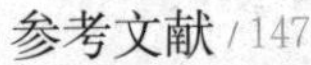

100
5

第1章

请大人和孩子一起思考：钱的本质和零用钱的法则

1 你能和孩子讲明白金钱的价值吗？

首先，请问你有信心仅凭自己就能教会孩子认识金钱吗？

如果你可以毫不犹豫地回答“能”，那这本书你就没必要继续读了。可是，如果你感觉信心不足，那么请允许我有这个荣幸来邀请你阅读本书。

在这个电子货币越来越普及的时代，“赢家”和“输家”的差距呈现两极化。只靠普通存款，只靠几乎为零的银行利率，是无法应对物价上涨的，实际上，钱在贬值，那么这么做的人就成了“输家”；与之相反，使用各种手段，比如熟练地操控电子货币等，得到比只把钱存在银行更多的实惠，这种做正确投资的人，就成为“赢家”。

金钱以多样化的形式呈现，比如利息、物价、投资，以及价值的变化等等。可惜的是，明明人们只要知道并恰当利用就能获利，但更多的人却因为不了解而蒙受损失。

我父母那一代可能连养老金都拿不全，年轻劳动力的减少是原因之一。到我们这一代，人口数量进一步减少，上班族的负担更大，据说得到养老金可能都成为奢望。等到现在这一代孩子成为父母时，为经济状况而苦恼的人数可能更会大幅度增加。

在如此严峻的时代中，不考虑金钱的孩子，将来会面临怎样的结局呢？

我不希望我的孩子未来迷茫。我希望他们能够过上幸福的生活。

能够过上幸福生活的一个重要因素就是“不为金钱烦恼”。孩子们拥有“时间”这个最强的武器，我希望他们从小就学会如何掌控金钱。

另外，孩子们不仅需要学习如何“挣钱”和“存钱”，更需要学习如何“用钱”。很多大人其实也搞不明白如何把钱真正用在刀刃上。教会孩子们如何正确使用金钱，是使他们将来能过上幸福生活不容忽视的重要条件。关于如何用钱，父母能教孩子的，首先是让孩子拥有“钱”这个概念。比如，家人拼命工作挣来的钱很重要，可以用来购买自己想要的东西。当从店里买到这件东西时，父母和孩子都能感受到通过钱这个工具来得到想要的东西的这份喜悦和感激。拥有“钱”这个概念是第一步。

接下来是从小面额开始愉快地学习管理金钱。哪怕孩子在这个过程中失败了，父母也不要撇嘴（失败不是失败，而是学习的机会），就请慢慢地教给孩子一些管理和使用金钱的方法吧。

2 我国孩子的财商修养严重不足

我国的义务教育中没有关于财商的课程。美国及中国香港地区从小学开始就普及了有关财商的教育，新加坡的学校还设置了金融课程。

也就是说，当今我国的孩子没有专门修炼财商的地方。而且，我们这代人受父母和祖父母那个年代的价值观影响，觉得“小孩子不该谈钱”或者“钱很脏，很多人都碰过钱，碰过钱后要洗手”，相信很多人都听过这些说法。还有人觉得“金钱是肮脏的，在人面前谈论金钱是禁忌”。另外，“储蓄是美德”这样的价值观至今还是深入人心。

然而，随着我国的生育率越来越低，等现在的孩子长大成人的时候，退休金和社会保障制度可能已经无法提供保障了。终身雇用制度和靠薪水过活的时代会结束，并且雇用关系也不稳定。

储蓄的能力、管理金钱的能力、在有限的金钱中进行调配的能力，以及挣钱的技巧等等，都将是非常重要的生存能力。

在我国，由于生育率下降导致劳动力的缺乏，今后可能会引进更多国外的劳动者。在同世界各国人民共同生存的大环境中，没有接受过系统的财商教育的国人，难道不会成为输家吗？

我们的孩子要想在这么严峻的形势当中生存，关键就在于掌握金钱运作的规则，以及正确使用金钱让自己成为一个独立的人。这也会成为在社会中发挥自己的本领，与各种各样的人打交道，彼此相互支持同舟共济的能力。

在本章中，我想谈一谈让孩子自立（=自己努力挣钱）不可缺少的知识。

3 金钱到底是什么呢？

如果孩子问起“钱是什么”，你会如何回答呢？

① 买东西所必需的。

② 生活中不可或缺的。

③ 为了安心生活想储蓄起来的。

你可能会想出各种各样的答案。孩子们最容易感受到的就是“钱是买东西所必需的”这一点吧。

孩子们在认真观察，大人把钱花在了什么地方和如何花钱。当看到大人给自己买点心时，就连三岁的小孩子也知道“有了钱就能得到想要的东西”。孩子们对金钱概念的理解，比父母想象中的还要清楚。

可是，孩子们有多少实际接触钱、感受钱的机会呢？

现在使用自动取款机（ATM，Automatic Teller Machine）已经非常普遍。另外，只要刷一刷“SUICA[1]”和“ICOCA[2]”等智慧卡（IC卡，

1. SUICA是一种可充值、非接触式的智慧卡形式的乘车票证，适用于东日本旅客铁道、东京单轨电车及东京临海高速铁道三种路线。

2. ICOCA也是一种可充值、非接触式的智慧卡形式的乘车票证，适用于西日本。

Integrated Circuit Card），就可以自由乘坐电车和公交车，也可以用来购物。转账和购物只需要通过手机在网上点击一下，很快就能完成。

不久之前，人们还使用现金去购物和购票，在日常生活中就会有很多场合让孩子有机会看到使用相应面值的现金。

而当下的孩子们，他们在生活中接触到的都是刷卡，这让他们有一种错觉，好像只需要刷一下，任何东西——无论价格高低——都可以买到。

孩子对钱没有实感，想想如果一直这样下去的话，有点儿令人担忧。

4 金钱不是“记号”，也不是“数字的罗列”

现在的孩子从出生时起，就生活在食物、衣服、玩具样样都不缺的环境中，很缺乏“辛苦挣钱才能得到想要的东西”这种想法。

“坏了再买新的不就得了？”

“没有钱了，找爷爷拿不就行了吗？”

“（看到 *1000* 元的压岁钱）啊，这不是 *1* 万元吗?!”

如果你从孩子们的这些话中感到了危机与违和，请找机会跟孩子一起思考和学习关于钱的价值吧。

我经常在讲座中提出“1000 日元，是重还是轻？”这个问题。感受过 1000 日元纸币的孩子会说：“轻。”然后，我会让他们提一提装着 1000 个 1 日元硬币的口袋。是的，它是沉甸甸的，非常重。甚至有些孩子单手提不动。这个跟 1000 日元纸币一样，也是“1000 日元”。实际感受了 1000 个 1 日元硬币的重量后，孩子们对 1000 日元纸币的印象也发生了变化。

我们无法阻止当今社会的无现金潮流。但是，既然孩子们感受金钱实际价值的环境变少了，那就只有作为父母的我们有意识地进行教育了。这并非困难的事情，我们可以让孩子通过快乐玩耍的方法来了解金钱。从今天开始，就让我们来一点一点尝试吧。

从这个口袋中，取出一枚1日元硬币，口袋里的钱还能买到1000日元的玩具吗？答案是不。这样想来，你就能感受到“1日元硬币”的重要性了。

5 关于金钱，你需要知道得越早越好

通过讲座，我了解到我国孩子很晚才有机会知道钱是怎么挣来的。有部分原因像我之前说过的那样，与那些“小孩子不该谈钱”“钱很脏”等意识的灌输有关。

可是，如果不知道挣钱的方法，那为什么要工作呢？世界上有哪些工作？不同的工作应该支付多少对等的报酬？这些他们根本想象不到。

在以前的讲座中，我讲过各种各样的工作方式及工资的构成。这时候，我使用了图①到图⑤来展示世界上所存在的不同的工作方式。

① 职员 A，公司上班族。周一到周五，从早到晚工作。周六和周日休息。

② 在房地产公司工作的 B 女士，公司上班族。如果能卖掉房产，这个月就会有很多的收入。收入是底薪加提成。周二和周三休息。

③ 公司社长 C，赚得多，工资就多。如果赚不到钱，那就一分钱也得不到。

④ 在市政府上班的 D 先生是公务员，工资金额由国家的法律规定。

虽然跟A工作同样的时间，但是他的工资由税金来支付。

⑤ 打零工的E，一周打1到3次零工。工资不按月，而是按小时支付。

我们应该让孩子们知晓，工资是根据不同工种来计算的，与之相似的，有很多像上面这样林林总总的选项。

6 想象一下自己想要的工作方式

当我们问孩子想要什么样的工作方式时，选择⑤的人最多。其理由是感觉“工作时间少，看起来轻松”。另一个原因是现在的孩子们并没有太多的赚钱欲望。

然而，产生这样的结果还有一个更重要的原因：没有学习赚钱的规则。什么样的工作承担什么样的责任和付出多少劳动力，与之相应地获得多少金钱，如果孩子们没法理解这些的话，就很容易选择轻松的、工作时间短的那一个。（当然，打零工也有需要责任意识很强、技能很高的情况，这里只是举例而已。）

另外，据调查，当今日本存在 2.8 万种工作。这是一个非常惊人的数字！我们看到这样的统计资料去想象各种工作，可以学到不少知识。这是一个知道有哪些工作选项的机会。家长和孩子之间可以常常讨论各种有关工作的话题，例如 “爸爸妈妈是做什么工作的？” “小朋友，你想做的工作属于哪一类？” “什么样的工作有怎样的责任？” 等等。

多跟孩子聊聊从事各种工作所承担的不同责任。可以举爸爸妈妈的工作为例。爸爸妈妈工作的姿态应该是最具有说服力的。在晚饭的时候，在休息日的时候，都可以跟孩子讨论很多关于工作的话题，尤其是多跟孩子聊一聊在工作中体会到的意义。

7 活着就要用钱，水和餐巾纸都不是免费的！

当孩子把水龙头哗啦啦地开着时，当孩子抽餐巾纸一次抽好几张时，你会不会觉得浪费？每当这些时候，都是告诉他们“水和餐巾纸都要花钱”的好机会。不过，为了不让他们产生情绪反应，需要注意一下自己的表达方式。

比如，在《这是环保吗？从灾难中学到的让我们在2030年时心灵更丰盈的生活方式》这本书中，对一个人泡澡所需的水量等，都用非常简单的插图做了解释说明。当孩子们看到这样的书时，他们可能会惊讶地说：“哇，原来我用了这么多水！”（父母可能也会惊讶。）或者，可以先把上个月与这个月的水电气费做比较，然后跟孩子一起探讨哪里出现了浪费？怎样才能节约资源？

这样一来，孩子会逐渐意识到原来平日里不经意使用的各种东西都需要花钱。而且也可以帮助节省家庭开销，可谓一石二鸟。

通过这样的方式，增加家长与孩子之间的交流，孩子就会慢慢明白：钱不是自己长出来的；钱是爸爸妈妈挣来的，是一种像资源一样有限的东西。

1 次泡澡需要大约 200 升的水

开淋浴头 1 分钟，会流出 12 升的水

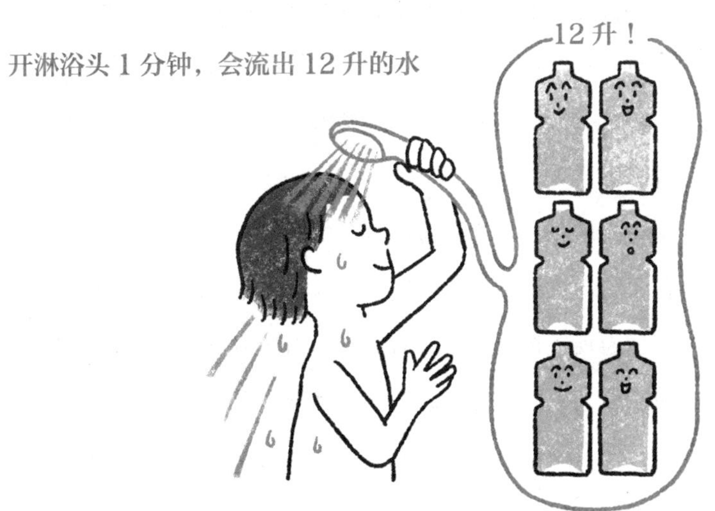

在家庭中，1 个人 1 天使用大约 220 升的水量，
相当于装满 110 瓶 2 升瓶子的水。

8 从什么时候开始给孩子零用钱，应该给多少比较好？

当孩子对金钱有了概念之后，接下来就是给零用钱的好时机了。比如，当他们说“给我买这个”或“我想要那个”的时候，就是他们充分感受到金钱这个概念的时候。

很多大人总是担忧：让孩子独自用钱，如果他们乱花了怎么办。其实，这些乱花钱的经验也并不算是失败，反而是一种学习的好机会。孩子在小时候乱花钱的失败经验所导致的后果只不过是损失小数额的金钱，损害比较小，所以家长不要担心失败，让孩子们尽可能多地接触钱吧。

经常有人问我：“零用钱该给多少？”我会告诉他们：“这个问题可以跟孩子一起探讨决定。”我觉得这才是正确的决定方法。不同的家庭给的金额有所不同，有 300 日元的，有 100 日元[1]的，等等。这些都没错。对一个五岁的孩子来说，一个月给多少零用钱才妥当呢？ 500 日元？ 100 日元？

1. 按照本书的成书时间，2019 年日元兑换人民币的汇率，300 日元约等于 20 元人民币，100 日元约等于 6.7 元人民币。

以什么作为依据？有些人觉得可以用：年龄 ×100 日元。我觉得最好的办法是不同的家庭根据自身的不同情况来决定。

某些小学二年级的孩子就有 3500 日元的零用钱。你会觉得太多了吗？

母亲把孩子上书法培训班的月费 3000 日元也算在里面了。也就是说，除去培训班费用，还有 500 日元。

这样一来，孩子也能知道在学书法上花费了多少钱。知道自己在各种培训班上的花费，这绝对不是坏事。他们会意识到花了这么多钱，自己得好好学习，珍惜上培训班的时间。

正因为如此，才更需要孩子和家长一起决定零用钱的金额。

孩子拿钱时的紧张感，也是一种非常重要的体验。

9 以什么样的方式给孩子零用钱？

我常常提议零用钱的给予方式可以有三种类型：固定金额型、报酬型和混合型。

① 固定金额型

一个月给予固定金额的零用钱。

固定金额的好处是，因为每月的金额固定，所以容易学习金钱的管理。固定金额的缺点是，金额是提前相互商量好了的，因此父母不能以惩罚作为理由减少金额。父母也要有这个心理准备。

② 报酬型

这种类型是根据孩子在当小帮手时所干的活而决定给予的金额。比如，打扫浴缸给 100 日元，帮忙洗碗给 100 日元，等等。

报酬型的好处是，让孩子更容易感受到具体的工作类型可以得到的相应金钱数额。缺点是，当你有事情找孩子帮忙的时候，比如“帮我拿一下遥控器”，他们很有可能问你该给多少钱。每当这个时候，你肯定会很气愤吧？如果什么都用金钱来换算的话，那就没有尽头了。因此，如果选择使用报酬型的方式，要从一开始就跟孩子讲好，各种“工作”所对应的报酬。

我们家的办法是，在做可以让家人愉快生活方面所需的事情时，不产生金钱报酬。比如，当时我们养了室内狗，那么给狗喂食、打扫厕所等，这些事情都不产生任何费用。

父母可以把有些麻烦的、自己忙不过来的……这些家务列出清单，让孩子帮着做清单上的事情。

③ 混合型

混合型是由固定金额型和报酬型组合而成的。如果光有报酬型，当孩子工作的动力下降之后，就无法持续了。因此，孩子在小时候可能会很卖力地做，但是随着年龄越来越大，这个方法也许就不管用了。从报酬型开始转到固定金额型时，用混合型来过渡是非常便利的。

我想不同的家庭应该都有不同的标准和想法。跟你的孩子商量，然后按照商量的结果尝试执行一段时间。不用跟其他的家庭做比较。“自己是自己，别人是别人！”相信自己，好好试一试。

比如，我们家有一双相差两岁的女儿，随着她们年龄的增长，当她们长大一些，对几十日元等少额金钱没兴趣的时候，报酬型就无法适用了。从中学开始，她们想要一定程度固定的金额，于是我们就转向了固定型。因此，我们家给零用钱的模式经历了报酬型——混合型——固定金额型。

零用钱的重要约定

零用钱合约书

孩子　　父母

按照以下方式约定每周或每月的零用钱

储蓄类　　感恩类　　自我类

总计　　元

零用钱领取日

每月　　日（或每周　　）固定领取零用钱

我会提供帮助！！

1

2

合约书是重要的约定！

跟孩子约定好零用钱的金额后，就开始签订合约书吧。这样一来，互相之间都能做好准备，孩子也能有一些自己长大成人的感觉。虽然每个家庭的规则不尽相同，但我建议可以分好类，分为“可以用零用钱的地方”和“不能买的东西”。

10 零用钱的使用也需要规则

决定好零用钱的金额后，父母和孩子们就可以对零用钱的使用方式进行商讨了（参照第 25 页的“零用钱计划表”），一起制订使用金钱的计划。根据不同的用途，我一般会建议分为三类。（注：不同月份给每一类的金额不同也没关系。）

储蓄类： 努力存一年半载或者更长的时间

家长可以问孩子想要什么，这个钱就是“为了将来想买某样东西时准备的”。最理想的是他们知道具体是为了买什么、想在什么时间买、需要花多少钱买。当然，这在孩子很小的时候会比较困难。

今后，他们想买某件价格较高的东西时，父母可能会犹豫，这个时候能派上用场的就是这部分存入“储蓄类”的零用钱。

比如，孩子说想要买游戏机的时候，这时已经有 100 日元的存款。父母可以建议他们用一个月的时间把这 100 日元变成 200 日元，对孩子说：“如果真的想要的话，应该做得到吧？”或者也可以建议：“先存到2000日元，存到了之后如果还不够，剩下的由妈妈给你支付。”

如果能凑满，可以说明他们下足了相应的功夫，也说明他们足够想要。这时候就可以说达到了值得买给他们的标准，同时也养成了他们储蓄的习惯。

感恩类：传递感恩之情以及助人为乐的意愿

给家人和朋友买生日礼物、给他人的捐款等，用在别人身上的钱，可以归为“感恩类”。

我总告诉孩子，钱是跟“感恩”交换的东西。“感恩类”也可以叫“捐献类”。

在便利店买完果汁后，便利店店员会说谢谢惠顾。这时候，我们就是因为需要果汁，所以用钱去交换了果汁这个物品。在金钱与物品交换的过程中，表达谢意的词汇也在人与人之间相互交换。

要告诉孩子这个道理，就需要用到“感恩类”零用钱。

不过也并不是说，有了“感谢”或“感恩”这些词，周遭的所有人就都能感受到幸福。但是肯定没人会因此感觉不幸或不舒服。更多的人会因此而有好心情。

通过使用“感恩类”零用钱，我们可以告诉孩子们金钱具有与“感恩”相对等的价值这件美妙的事情。

自我类：用来购买生活中的必需品

像玩具、果汁、糖果、笔记本等用品，自己想要就可以买。不过，在学校使用的文具等花费，是自己负担还是家人支付，可以和家人一起商量决定。

无论孩子如何分配这个类别的钱，大人都不要插嘴。只要把钱给孩子了，就全权由孩子自己决定。

零用钱计划表

储蓄类

感恩类

自我类

父母和孩子可以一起思考并决定在这三个类别中分别用多少钱。

11 关于零用钱账簿和钱包

当确定了零用钱的金额和使用方法后，孩子就可以开始制作零用钱账簿。不过，孩子在小学后期到中学这个期间做会比较好，如果从小学一二年级就开始的话会有点儿困难。

即便是大人也有很多人不擅长记账，小孩子也是一样的，所以一定要把收据保存好，方法之一就是可以把收据贴在笔记本上。

有些时候，明明是为了让孩子能轻松愉快地学习如何管理财富，可是父母过于严厉，这样会给孩子带来压力，引发父母与孩子之间的争吵，反而会弄巧成拙。

孩子拥有了零用钱的同时，他们必定也会渴望拥有一个钱包。家长和孩子可以一起去买第一个钱包，最好能让孩子自己挑选。这样会让他们觉得自己有点儿大人的感觉，对孩子来说，有个钱包都会心潮澎湃！

月零用钱账簿

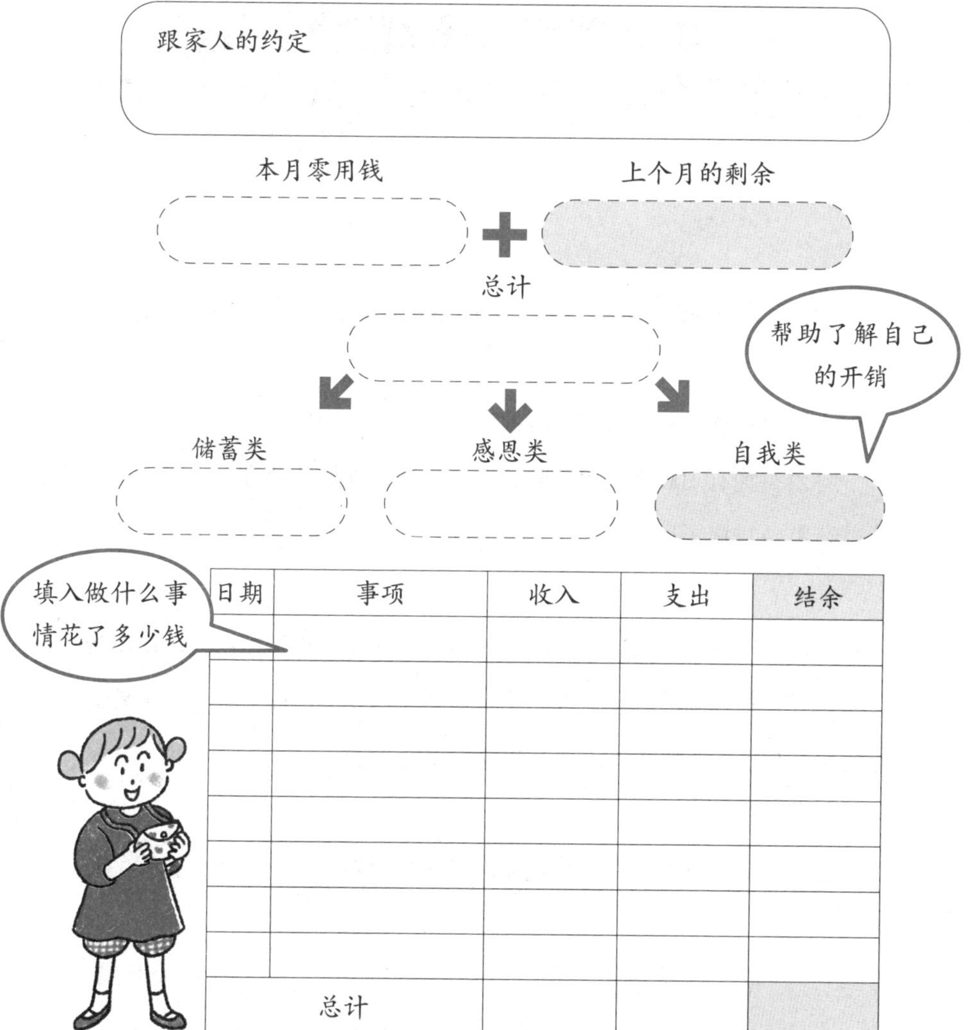

跟家人的约定

本月零用钱 ＋ 上个月的剩余

总计

储蓄类　感恩类　自我类

日期	事项	收入	支出	结余
总计				

如果没有钱包那样的东西，也可以用那种戴在脖子上的小型包来代替。或者可以选择那种为了防止丢东西、忘东西而特地制作的小物件来当钱包。

12 如何教育孩子管理零用钱？

我经常被问到的问题是：孩子们的钱应该放在哪里？应该怎么放？

例① 放在袋子和信封里。就像过去的存钱袋一样。

例② 每拥有 100 个硬币就收纳在像首饰盒那样的地方。

例③ 放进瓶子里。

只要能让孩子们来管理零用钱，不管用什么形式都可以。即便出现了差错或有不顺利的时候，也不算是失败，而是学习的机会，最重要的是父母与孩子一起快快乐乐地完成这件事情。

我自己家像例③一样，把透明的瓶子和容器当成存钱罐，让钱的数量可视化。

我的儿童财商学校讲师的一个孩子，在他买了很多糖果后，“自我类”的钱很明显地减少了。于是，他从“感恩类”中拿了一些到“自我

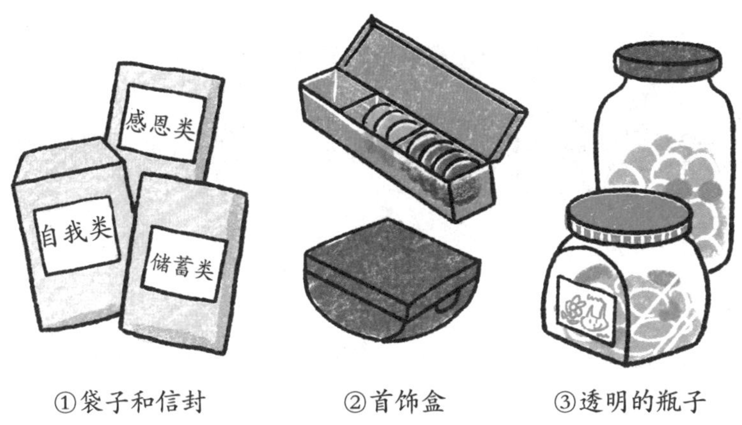

①袋子和信封　②首饰盒　③透明的瓶子

让孩子们自由选择自己喜欢的方式。
当确定好规则后，储蓄就变成了游戏，孩子们会很乐意参与的。

类”里去。

后来，这个孩子因为把“感恩类”中的钱拿走而感到内疚，于是他把下个月的零用钱中“自我类”的钱多放了一些到“感恩类”中。

本来是为了别人而使用的钱，被自己用了，孩子产生了内疚感。通过明确使用目的，让存钱罐里的钱可视化，孩子会产生各种情绪，从而让孩子有更多学习金钱知识的契机。

13 定期举行零用钱会议，制作零用钱申请书

当确定了零用钱的给予方式、管理方法、使用方法等规则后，可以定期举行“零用钱会议”，创造修改更正的机会。

随着孩子的不断成长，孩子想要的东西和所需要的金额等等都会发生变化。通过定期的修正，零用钱的意义也能更加深刻。

比如，在我家里，当有人提出增加零用钱时，就需要填写专门的“零用钱申请书”。

① 想增加多少零用钱？

② 理由是什么？

明确这些之后，用自由的格式总结成父母可能会答应的申请书。换句话说，这么做的目的就是写出能打动父母内心的有说服力的内容。

我的二女儿在上高中二年级时，活动部的交际范围变大，活动结束后跟伙伴们一起去吃饭的次数越来越多。这个时候，她提出了增加零用钱的要求。

零用钱申请书

在我升入高中后，朋友多了，交际范围大了。

与活动部的前辈和朋友们一起去吃饭的次数比以前多了 3 次。1 次要用 700 日元，所以一共需要 2100 日元。这些是我重要的社交活动。如果零用钱不能增加 2100 日元的话，我会很困扰。或者我稍做让步，只增加 2000 日元就好了，总计 4000 日元。拜托你们了。

二女儿制作的申请书

我们让她提交申请书，于是她就写了以下内容：

跟朋友 1 个月去餐厅吃 3 次饭。

1 次需要使用 700 日元，所以一共是 2100 日元，如果没有这笔钱的话，跟朋友一起交往就会有障碍。

她的理由以及需要的金额都很明确，还注意了书写模式，特地贴上了常去的餐馆的照片。

于是，我们就接受了二女儿的申请。

14 浪费也是重要的经历！把零用钱给孩子后，父母就不要插嘴

父母还是会有些牵挂孩子是怎样使用零用钱的。

可是，一旦把钱给了孩子，那就是孩子的东西了。

“没有浪费吧？”

“没有光拿去买糖果吧？”

“多少存一点吧？”

虽然父母多少都会想这样去试探，但一定要忍住。

让我们改变立场，发挥一下想象力。

如果是我们拿到了工资，上司却插嘴问：“这钱你怎么用呀？”“花在这些地方，真是浪费！”那个时候的我们有什么样的感觉，孩子就有什么样的感觉。

相信自己的孩子，控制自己想问东问西的欲望。这需要父母的忍耐力。默默地守护着孩子，这对于孩子的成长是不可或缺的。即使孩子出现一定的浪费和失败，这也能成为很好的经验。

15 强制存款没有用，要一起思考怎样使用

如果没有目标，人不会长久努力。存钱也是一样。

如果想培养孩子储蓄的习惯，父母在平日里就要和孩子商量“买什么”。

大人也有被问到“生日礼物想要什么”时，不能立刻回答出来的情况。与此同理，孩子被问到自己想要什么时，也会有发现自己不知道的情况。在平日里的随意对话中，寻找想要的东西的“线索”很重要。

比如，孩子说：“妈妈，这双球鞋已经破破烂烂的了。”或者“鞋子好像开了个洞”。

当孩子讲到这些的时候，父母不要错过，把它们记录在购物清单中。

必须要立即购买的物品可以用父母的生活费来添置。

如果还有一定的时间，父母可以建议孩子：“那就再存一个月的钱，买双新的鞋子如何？”

家长与孩子之间经常进行这样的对话，孩子自己也能慢慢地意识到自己需要的东西。

单是用零用钱买一些喜欢的糖果和玩具，这并不是使用财富的最好方式。为了让孩子玩好学好，如何使用零用钱、准备好哪些日用品也需要慢慢学习。

Column

活用“感恩类”零用钱
花钱买礼物，创造打动人心的体验

关于活用“感恩类”零用钱，我有一个值得推荐的方法。

如果孩子的爷爷奶奶或外公外婆还健在的话，请尽可能地让孩子用感恩类的零用钱给他们买生日礼物。如果孙辈花零用钱给自己买礼物，他们肯定会非常高兴，并且很感激。这不正是我们想要的“感恩类”中的“感恩”这个词的真正意义吗？

另外，把“感恩类”的钱用于捐款也可以。正因为不是父母的钱，是孩子自己节约出来的钱，当听到对方说感谢时也会更开心吧。

在使用金钱时，听到来自对方的感谢，这样的经验对于孩子来说绝对是一笔财富。

因此，请务必让孩子体验一次这种经历吧。

为了他人，自己采取了某个行动，这样的经历会提升自我存在价值，催生出更多的自尊感。

第2章

发现金钱真正的价值！
——“生意的本质”

1 漫画：兔子和乌龟的面包店，哪家更赚钱呢？

● 为什么乌龟的面包店能全部卖完呢？

● 什么是赚钱？

我们一起来看看金钱的流通方式吧。

2 自力更生赚钱的第一步——理解金钱的流通方式

还没上学的孩子、小学低年级的孩子，这个年龄段的他们当然不会知晓金钱（工资）从何而来。这种时候，我就会用这个面包店的例子，让孩子理解金钱的流通方式。

金钱（工资、收入）的结构

一个面包的价值是100日元，卖了10个，收入是1000日元。

可是，为了制作面包和销售面包，这个过程中还有很多花费。店面的租金、水电费、燃气费、材料费……如果制作一个面包需要花掉40日元的费用，10个就需要400日元。还要发给店员工资，如果说一个店员的工资是250日元，那么两个店员就是500日元。

收入（1000日元）－工资（500日元）－经费（400日元）=100日元。

卖掉10个面包，实际上到手的金额（利润）只有100日元。这个例子就引出了最基本的“金钱流向”概念。

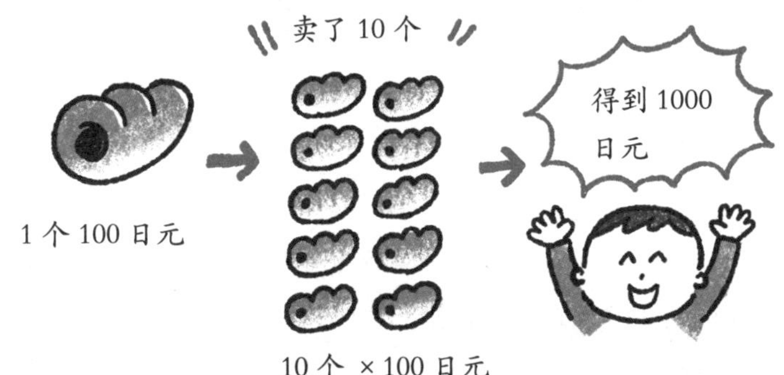
卖了 10 个
得到 1000 日元
1 个 100 日元
10 个 ×100 日元

可是，实际上……

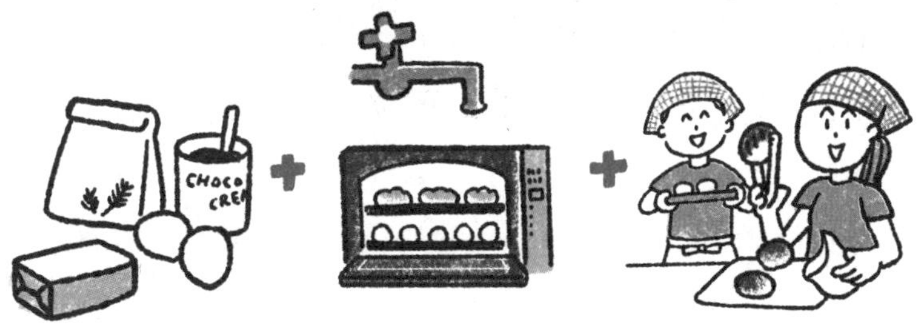
材料费＋水电费 =400 日元
店员工资 500 日元

100
只赚到 100 日元！

3 怎么回事儿，怎么能知道是否赚钱？

当我们知道赚钱的流程后，那么接下来就可以考虑怎样才能赚到钱了。我再用兔子和乌龟的面包店举例。

【成为有人气的店面后】

一个价值100日元的面包卖了20个！

制作一个面包需要投入40日元的经费。卖面包（两个店员）的工资500日元。

收入（2000日元）-费用（800日元）-工资（500日元）=700日元

Q：如果赚到钱会怎样？

好处1：店员（从业人员）的工资会上涨。

好处2：增加店员（从业人员）。

好处3：可以把店铺装修得更漂亮。

【如果完全没有卖出去】

如果做了10个面包，但是只卖掉5个会怎样？

收入（500日元）-费用（400日元）-工资（500日元）=-400日元，也就是说，会有400日元的赤字。

Q：如果没有赚到钱会怎样？

烦恼1：店会遭受损失。

烦恼2：再怎么工作也拿不到钱。

烦恼3：店员（从业人员）的工资不得不递减。

请爸爸妈妈务必告诉孩子这个故事。每月到账的收入和工作的报酬，就是在这样一个流程中产生的。

父母每天都很努力地工作。虽然很努力，但一个悲伤的事实是依旧会出现收入减少或完全不赚钱的情况。

做饭、打扫、洗衣服等家务也是非常重要的工作。家庭主妇们也要把自己的工作大大方方地展示给孩子看，让孩子多多参与。

注意观察周围，有很多工作也是无法用金钱衡量的哟！

4 从卖方的立场来考虑，就能发现金钱的价值

在经常光临的肉店、订生日蛋糕的糖果店、买铅笔和笔记本的文具店，当我们付钱的时候，我们总是站在买方的立场。可是，如果我们稍微发挥想象，站在卖方的立场会出现什么情况呢？可以和孩子一起讨论。

我在本章开头“兔子和乌龟的面包店”的漫画中也提到过，如果想要赚钱，就需要下功夫去吆喝，需要准备材料，需要聘请员工，会有各种各样的花费。这种卖方立场会跟金钱这个对等价值挂钩。

想象一下，小孩子也可以在这个过程中感受到金钱的价值，他们渐渐地会有一些对于赚钱的实感。

在面包店这个例子中，我们可以在玩游戏的时候，尝试第46—49页的内容。假如想要卖东西，需要思考下哪些功夫、卖什么东西才能卖出去……在思考这些问题的过程中，虽然孩子们年龄还小，但应该也能感受到在这个过程中的奥秘。

面包店的工作之一是得到顾客的感谢。

顾客之所以说感谢，是因为顾客对买到的东西感到满足和喜悦。也就是说，金钱是与“感谢”交换得来的东西。

那么，怎样才能让对方说出感谢的话呢？

这就需要具体想象顾客所期望的东西，并付出实际行动。顾客什么时候最想吃面包？什么味道最招人喜欢？如果把装潢做好一点儿会不会提升人气？面包出炉的时候，需要大声叫卖吗……为了让顾客喜欢上自家的面包，面包店需要下各种各样的功夫，这样才能提高收入（赚钱）。

站在卖方的立场想象，还可以让孩子了解到工作的快乐，提升孩子对工作的憧憬。

金钱游戏 A

“每日卖断货”人气面包店的秘密

Q 总是卖不完面包的兔子面包店。想要卖完，该怎么办？

把面包摆放整齐

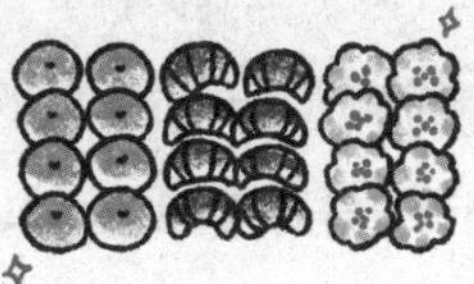

工作中不要睡觉

给顾客推荐面包

降低价格

把刚做好的面包放在一起

把店面打扫干净

制作宣传单来
推广面包店

有多少个答案都 OK。正确答案可不止一个。
让我们一起想出一堆点子吧。

金钱游戏 B

顾客想要什么样的面包？

Q 总是卖光的面包和卖剩下的面包有什么差别呢？
让我们用经常卖光的“吐司面包”和常常卖剩下的“咖喱面包”为例一起思考。

经常卖光的面包——“吐司面包”

原因是？

- 非常适合早饭吃。
- 根据各种不同的配料，能有各式各样的吃法。
- 拥有在其他店里没有的松软口感。

卖剩的面包——“咖喱面包”

理由是？

- 有点儿辣，导致很多人吃不惯。
- 其他面包店有更便宜的咖喱面包。
- 冷却之后会变得不好吃。

从顾客的角度来考虑，会有很多不同的发现。

金钱游戏 C

怎样才能尽可能把剩余的咖喱面包卖出去?

通过游戏 B 的答案，我们一起思考卖不出去的解决方法。

A

有点儿辣，导致很多人吃不惯。

➔ 把辣味调节到合适的程度。

其他面包店有更便宜的咖喱面包。

➔ 为了与便宜的店竞争，可以尝试制作更便宜的咖喱面包。

➔ 确定一个折扣时间段，在这个时间段里，把价格调得比竞争对手的店更便宜。

冷却之后会变得不好吃。

➔ 通过传单向顾客告知烤好的时间。

➔ 用微波炉加热后，再卖给顾客。

虽然卖不掉很可惜，但反过来想想，这是提示我们思考如何改进的重要信息。跟我们自己身上既有短处又有长处一样，把短处变为长处后，你可能会发现很多提升销量的好点子。

金钱游戏 D

你想开什么样的店?

Q 让我们想象一下自己想开什么样的面包店？

A

可爱的店

香香的店

从早上开始就营业的店

面包种类丰富的店

价格便宜的店

买很多可以有折扣的店

有好吃的面包的店

有特色面包的店

包装精美的店

店员总是笑容满面的店

干净整齐的店

离家近的店

注意自己觉得很棒的那些点子。对于其他人来说，这些可能也是很重要的。

这些点子可能就是人气面包店的秘密！

5 孩子学到了“金钱是通过为他人服务赚来的”“金钱是有限的”

大家觉得金钱游戏怎么样？

通过玩这个游戏，孩子们可以逐渐意识到很重要的事情：即使只卖出一个面包，都要花费很多功夫。正是这些功夫构成了“工作”，与之对应的价值就是获得“金钱”。

【游戏成果 1】金钱是通过为他人服务赚来的

制作好吃的面包、摆放整齐、制作宣传单……卖面包并不容易。如果我们只把面包摆在那里，顾客可能不会买我们的面包。顾客想吃什么样的面包呢？刚做好的吗？甜甜的面包？粗粮面包？是不是面包的种类多了就能多卖？搭配什么商品一起卖更好？根据顾客的需要来卖，商品才能卖出去。当把这些都做到后，得到的东西就是“金钱”。

去公司上班、在家里洗衣服、打扫房间、做饭等等都是工作，世界上有各种各样的工作。任何工作都是通过“为他人服务”来让他人感到幸福与快乐的。爸爸妈妈要告诉孩子：自己所从事的工作本质上也是一种“为他人服务，让他人快乐”的行为。

【游戏成果 2】意识到金钱是有限的

钱包里的钱并非是无穷无尽的。孩子有时候不是也会因为少 1 元钱而问父母要吗？另外，父母也不会因为 1 元钱太少就轻松地把钱给孩子。因为就算差 1 日元也买不到 1000 日元的东西。

【游戏成果 3】在用钱的时候就会更加谨慎

当孩子意识到 100 日元的价值后，他们在使用 100 日元时的态度应该也会发生变化。自己想要的东西到底值不值 100 日元？当他们意识到赚钱是一件很辛苦的事情后，就会养成买东西之前思考的习惯。这样一来，对于孩子来说，100 日元的价值就发生了变化。

“感谢”的价值才是“金钱”

我非常喜欢“感谢”这个词。

在讲座中，我也会经常强调，“感谢”这个词跟金钱有着千丝万缕的联系。

当你口渴了，在便利店里买一瓶茶饮，店员会跟你说：“感谢惠顾。”你可能觉得，我付了钱，我是客人，对方跟我这样说是理所当然的。可是，事实并不是这样。

我们只是通过金钱在进行物与物的交换而已。对于购买方来说，是用金钱交换了茶饮。这样想的话，对于跟我们进行物与物交换的店员，我们是不是也应该说句感谢呢？当我把这样的想法告诉孩子们后，他们恍然大悟地说，以后也会主动说感谢。对，这就是说，并不是自己花了钱就多么了不起。

当我们拥有这种意识后，我们就会对各种事物萌生感激之情。

当我们意识到这一点后，再回过头来看先前面包店的金钱流向，我们就会清楚地发现，在这个围绕着金钱的流通中，有很多东西和人都值

得我们抱有感恩之情。

金钱是用来交换感谢之物的，是通过让顾客开心、为他人提供有用的服务得来的。

因此，对于卖给我们东西的人，我们要怀有感恩之情。作为客人，当我们得到自己想要的东西后，也要说声谢谢。

在餐厅里吃饭的时候，吃饭的人对做饭的人、上菜的人，以及店员都应该怀有感激。

如果这种感恩之情和金钱的流通一样在世界上传播起来，那我们的世界该是多么美好啊！

7 金钱的流通——国家、企业、银行和家庭之间的关系

我们通过工作获得金钱来维持生活。除生活所需，我们把剩余的金钱储存在银行里，这笔钱可以帮助需要的人和企业。（参考下图）

在我们所得的工资、购物和服务中的花费、企业所得的利润中，会有一部分作为税金上交给国家（政府）。国家（政府）把这些钱保存到国家银行。这些钱可以支撑着本国国民过上幸福的生活。如图，你可以清楚地看到金钱是怎样流动的。

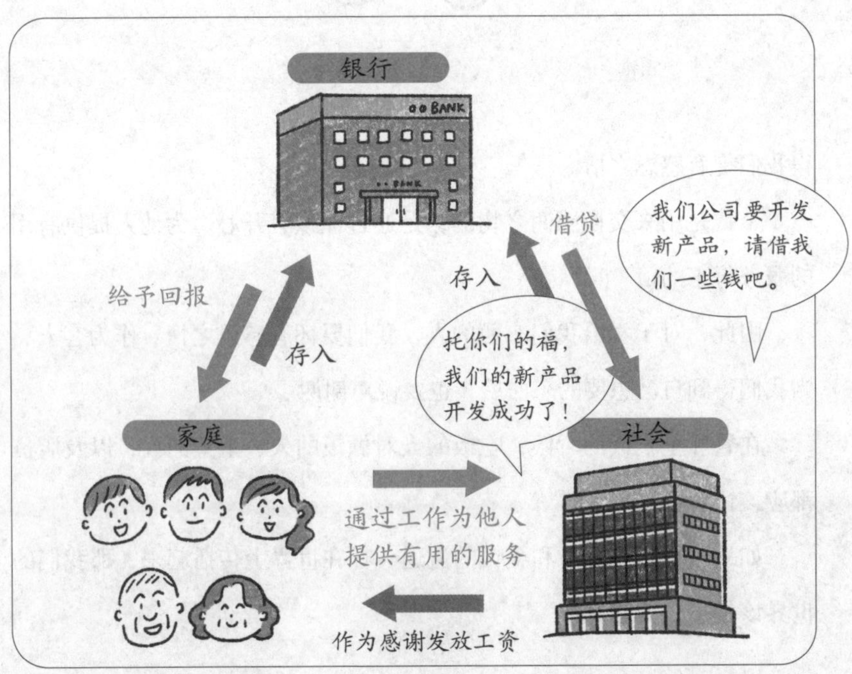

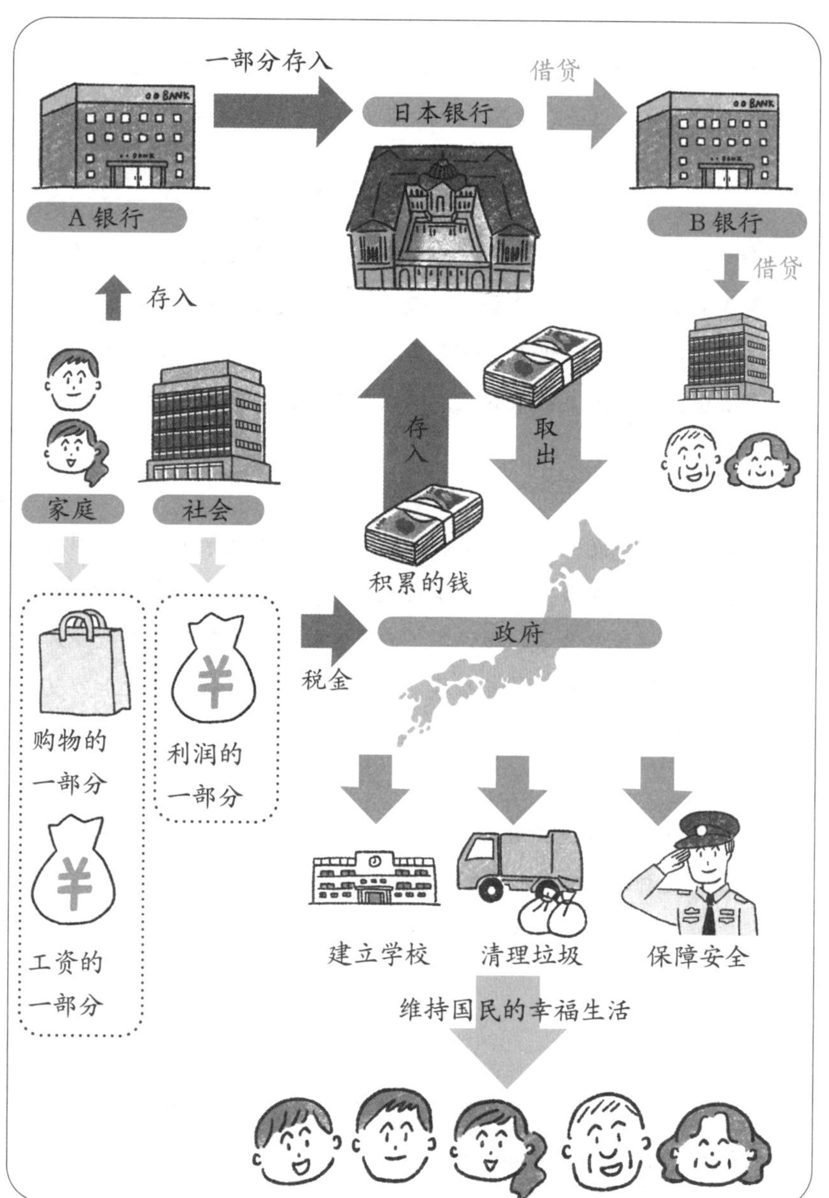
一部分存入
借贷
日本银行
A银行
B银行
借贷
存入
存入
取出
家庭
社会
积累的钱
税金
政府
购物的
一部分
利润的
一部分
工资的
一部分
建立学校
清理垃圾
保障安全
维持国民的幸福生活

Column

孩子会发生瞬间的巨变

下面给大家介绍，当我和孩子们玩了这个商店亲子游戏后，孩子们发生了哪些变化。这些都是各位家长告诉我的。

第一个孩子，在开始玩商店游戏的时候，总是想要东买西买，他是一个非常让母亲头疼的男孩子。之前全家一起去参加夏祭[1]的时候，他总是会缠着大人买东西，可是自从玩了商店游戏后，他再也没有像以前那样让父母买东西了。母亲问他今天有没有想要的东西，他会思考一会儿，回答道："因为金钱很有限，所以我在仔细考虑该买什么。"听了这话之后，母亲吃了一惊。

第二个孩子，是一个元气满满的淘气女孩。和父亲一起去便利店，在买完东西出店的时候，她突然说自己忘了东西，然后急急忙忙地返回收银台。父亲问她怎么了。她说忘了跟店里的人道谢了。在金钱流通的过程中，感谢的心情也在相互交换。在发现孩子有这样的变化后，父亲也是吃了一惊。

知道金钱的流通过程后，孩子就会对工作的意义、金钱的价值等等产生意识。这种经验对于孩子的成长来说具有千金难买的重要意义。

1. 夏祭是日本的传统节日，在每年8月15日举办，祈祷五谷丰登、生意兴隆和家庭兴旺，随着时代的变迁，逐渐演变为一种内容丰富的民俗活动。

第3章

现在的孩子最不可或缺的是和“无形货币”打交道的能力

1 漫画：浦岛太郎，小心魔法卡片！
很久很久以前，浦岛太郎靠物与物交换来维持生活。
把这条鱼拿去换盐吧！
有一天，浦岛太郎救了一只海龟。
海龟为了感谢浦岛太郎的救命之恩，邀请他去龙宫玩。
你有困难的时候可以使用它。不过，千万不能使用过度哟。
太郎君，这是给你的礼物。
龙宫卡
好吃的，好玩的……快乐的时光眨眼就过去了。

当他从大海回来后，世界已经发生了巨大的变化。
啊，我肚子饿了。
遇到困难的时候拿出来试试。
这个真便利啊。居然用它就可以得到饭团。
这个也要！
那个也要！
这个还要！
这位客人，不好意思……
这张卡上没有余额了，已经无法使用了。
● 用电子货币和银行卡就什么都能买到吗？
● 现金和电子货币有什么区别？
● 电子货币怎么用都用不完吗？
让我们来看看那些无形的货币吧。

2 让我们一起来看看这些“无形货币”的优缺点吧！

在前面的漫画中，我们看到浦岛太郎最后没钱付款了。他以为可以一直使用魔法卡片，但卡片里面并没有藏着无穷无尽的金钱。

① 在书店里使用的图书卡、在便利店和饮食店里使用的QUO[1]卡、乘车和使用自动贩卖机时的SUICA卡、ICOCA卡等等；

② 乘车券和回数券[2]；

③ 电子现金（用数据保存有关金钱的信息，用作代理金和运费。有些电话中有这个功能）；

④ 商品券（在规定的金额内，可以用来买东西的礼品券，比如啤酒券、米券等，但只能用在特定商品上）；

⑤ 电话卡。

1. QUO卡是一种代金收藏两用卡，可以兑换实物。

2. 回数券是日本乘车券的一种，比每次单买车票的价格便宜。

我们随身使用的这些便利的卡片内含的金额，和1000日元[1]、5000日元等面额的纸币或100日元的硬币一样，具有同样的价值。如果我们把这些卡片弄丢了，与弄丢现金别无两样。

可是，这些无形的货币，总让我们缺乏一种实感，当我们在使用它们的时候，那种持有金钱的感觉很淡薄。

本章中，我想介绍的是在当今社会越来越普遍使用的无形货币，并且学习如何与这种货币打交道。

浦岛君用龙宫卡（电子现金）买到了饭团。可是，因为过度使用，最后没钱了，这让他非常痛苦。让我们来跟孩子一起讨论讨论这些“无形货币”的优点和缺点吧。

优点：	缺点：
付款的时候很便利；	总是一不小心就使用过度；
不需要计算找零；	想要一眼看到余额比较麻烦；
钱包不会厚重；	充值后，想要变现很麻烦；
轻巧。	慢慢地就懒于计算了。

1. 在日本，银行发行的纸币面额有10000日元、5000日元、1000日元等，硬币有500日元、100日元、50日元、10日元、5日元、1日元。

3 正因为是“无形货币”，我们才更要记住它是有限的

我在前面也提到了，信用卡、图书卡、商品券、电话卡、SUICA 卡和 ICOCA 卡等等，里面都有和现金一样具有同等价值的金额。

生来就接触这种便利货币的孩子们，很难感觉到这些和现金具有同样的价值。因为他们很少体会到钱包的重量、纸币之间的差异，对具体花了多少钱就很难有实感。无论电子账户上有多少钱，都无法从外形上感受到电子现金的重量，因此父母有必要有意识地给孩子补上这堂财商课。

下面我用简单的游戏进行介绍，请务必试一试。

金钱游戏 E

知道“无形货币”的价值

在一张桌子的一边摆上家里现有的“无形货币”，另一边摆上同等金额的现金。

摆好后，孩子就会意识到“哇，原来有这么多钱”。这样一来，孩子们就会小心保管“无形货币”。

4 小心使用魔法卡片——电子现金

随着电子现金的普及，接触实体金钱的机会越来越少了，这是时代的潮流，不可改变。比如以 SUICA 卡等为代表的交通 IC 卡，包括 ICOCA 卡(关西地区)、SUGOCA 卡(九州地区)、PITAPA 卡(关西地区)、MANACA 卡（名古屋）、KITACA 卡（北海道）等等，根据地方的不同出现了各种各样的卡。这些卡不仅可以乘坐电车和公交车，有些还能在便利店和超市买东西。今后无现金化的趋势不会停止，只会加速前进。

虽然如此，电子现金和自动取款机一样，并不是魔法铁锤！我们要告诉孩子：虽然这些卡可以像魔法一样便利，但是并不会像魔法一样，想要多少就能变出多少。因为爸爸妈妈辛苦工作挣钱，所以这些卡才能使用。

增加金钱实感的游戏①

跟孩子们一起外出的时候，尽量在售票机上使用零钱购买去目的地的车票。

虽然使用 IC 卡的价格会稍微便宜一点儿，但让孩子们亲自用现金购买车票，是一个让他们对到目的地需要多少钱有更多实感的好机会。就当作便宜的学费吧！

增加金钱实感的游戏②

寻找那些零碎的钱！
在家中发现的零钱，就留给发现的孩子吧。

有些时候，我们会不小心把口袋里的零钱放在桌子上或者洗手间里。制定这样一个规则：如果零钱被孩子发现了，就让他们丢进“发现存储箱”（存储发现的零钱的专有箱子）。这也是一个很好的体验实体金钱的机会。

5 物物交换是一切的起源，跟孩子一起聊聊“钱的历史”

大家知道钱的起源吗?

在针对孩子们的讲座中，我经常给他们讲“稻草富翁[1]”的故事。也就是说，钱的出现是物物交换的结果。

很久以前，钱就存在了。准确地说，曾经有过类似于现在的金钱这样的东西。

比如说，哪些东西用来代替过钱呢?

① 贝壳

② 盐

③ 米

主要是一些像钱一样大家都需要、有价值的东西。有些人需要贝壳，有些人需要米……大家各自需要的东西不一样。当双方需要的东西正好是彼此的东西时，那么物物交换就成立了。

1. 稻草富翁是日本民间故事里的人物，他本来是一个穷人，从最初拿着稻草，经过再三以物易物，最后成为大富翁。

当我们花钱买东西的时候，就好像是钱让我们得到了所需的物品，但其实这与我们从前的祖先通过贝壳、盐、米等物品进行物物交换，并没有本质上的差别。

相互之间交换“想要的东西”和“需要的东西”。如果双方想要的东西不一样，物物交换就不能成立。如果能有像“钱”这样大家都能感受到同样价值的东西，物物交换就容易多了。

6 让我们仔细地观察金钱

如果能物物交换，那我们就能得到自己想要的东西。

可是，像贝壳、盐、米这类东西，有些时候是不方便交换的，因为它们有重量大、会腐烂等诸多缺点。

于是，祖先们就创造了“钱”。顺便说一句，据说在日本最古老的货币是公元 708 年铸造的“和同开珎[1]”，不过，并没有明确的证据表明其作为货币流通过。还有一种说法，富本钱才是日本最早的古钱币，是在公元 683 年（日本天武天皇十二年）的时候发行的。

当我们外出或旅行的时候，如果有以下这样的公共场所让我们体验金钱和学习各种有关金钱的知识，你觉得如何呢？

纸币和邮票博物馆

https://www.npb.go.jp/ja/museum/

1. 公元 621 年，中国铸造了开元通宝，这种货币随遣唐使流传到日本。公元 708 年，日本铸造了以开元通宝为原型的和同开珎，它被称为日本最古老的货币。

在这里可以学习到纸币演变的历史、日本和其他国家纸币的不同、纸币的设计和印刷技术等。

造币局（大阪造币局）

https://www.mint.go.jp

大阪造币局是日本专门生产硬币的地方。游客可以参观工厂、博物馆等等，这里有与货币相关的诸多资料。在官方主页上的“kids”这个栏目中，有针对儿童的内容，对造币局的工作、硬币的制作过程进行了简单易懂的说明。游客先做好功课再去现场体验，可以感受到更多的乐趣。

货币博物馆

https://www.imes.boj.or.jp/cm/

博物馆中展示了货币及其历史、文化等相关背景资料。博物馆在2015年进行过翻新,还特地设置了针对孩子的体验展示馆和拍照留影处。

以自己身边的事物为例，可以把钱包里的钱全部拿出来，和孩子一起仔细观察，这也不失为一个好方法。

- 1000 日元纸币跟 5000 日元纸币有什么不同？
- 纸币上的金线印在了什么地方？
- 水印在哪里？
- 这些钱是什么颜色的？
- 钱币上有英文吗？

仔细观察，你会有各种各样的发现哟。（可以与第 80—82 页中其他国家的货币相对照。）

500 日元纸币
500 日元的纸币有两种：B 号和 C 号，分别于昭和二十六年（公元 1951 年）和昭和四十四年（公元 1969 年）发行。这两种纸币上都印有岩仓具视[1]的画像。

500 日元硬币的诞生
昭和五十七年（公元 1982 年），500 日元的硬币登上日本金钱界的舞台。在除纪念币以外的一般流通货币中，500 日元硬币是世界范围内都少有的高面值硬币。

现代各种各样的“500 日元”

各种各样的500 日元货币陆续登场，其中就包括电子货币。经过 70 年的变迁，金钱呈现的形式也发生了变化。今后，日本的硬币和纸币还会发生什么样的变化呢？

1. 岩仓具视（1825 年—1883 年）是在明治维新中发挥了核心作用的政治家。

7 带上孩子 一起办理涉及钱的业务吧！

如果想让孩子真切地体会到“电子货币 = 金钱”的话，就在实际生活中让他们帮你充钱吧。

等有时间的时候，让他们在车站的自动售票机和公交站的乘车口，去实地操作，亲自确认收款金额。

“看，充了这么多金额的钱。”

“要是丢失了的话，多可惜啊，要注意哟。”

我们可以在不经意间告诉孩子，这些卡里的充值金额是和现金有同等价值的。

在银行，让孩子亲自开户也是很好的经验。哪怕孩子署名的字迹稍微潦草也没关系。窗口的工作人员会很友好地接待孩子。因为孩子亲自开了银行的账户，那么他们对金融机构的印象就会非常深刻，说不定将来会一直在这个银行办理业务。

帮孩子充值 IC 卡和手机话费等等，这些对于大人来说都是很快就可以搞定的事情。但对于孩子来说，这些都是让他们理解金钱的好机会。省略掉这些重要环节，钱的存在对于孩子来说永远都是模糊的。

儿童财商学校的讲师们在给孩子充值 IC 卡和手机话费的时候，一定会让孩子在场。比如，让售票员当场讲解 IC 卡的使用说明，当场支付和确认最初的费用等等。在充值手机话费的时候，在手机店里填写手机申购表后，即便手机本身不花钱，讲师们也会让工作人员跟孩子讲清楚手机的话费是需要花钱的。

Column

因为是孩子买东西，所以更应该尽可能到实体店中买！

参加讲座的父母中，有的父亲说：“如果我家孩子买东西，就尽可能让孩子到实体店中购买。”问其缘由，他接着说：“在网上购物，付钱时，我总觉得缺少实感。当想到这会给孩子带来的影响，我更是感到担忧。因此，一直以来，我家在购物时就尽可能到实体店里去挑选商品，然后在现场用现金购买。”

对于这位父亲敏锐的感性，我真想举双手赞同。

在线上购物，我们只需要点击一下，就能轻松买到任何东西，非常便利。这就与电子货币一样，点击一下，几千元或者几万元的钱就花出去了，基本上没有实感。

有些限定品和打折商品只能在网上购买。孩子无论如何都想要的时候，这个父亲是怎么做的呢？

答案是孩子当场给父亲相应金额的钱。

据说他们家一直使用这样的规则，尽可能让孩子使用现金。真是一个很好的锻炼孩子财商的教育方法，很了不起！

有了这样的亲子互动，即使在电子货币化的时代，孩子也依旧能够充分地感受到那些“无形货币”。发挥一些智慧，下一点儿功夫，无论遇到怎样的困难，我们都会有办法解决。

第4章

从更广阔的视野了解：“世界上的钱”及汇率的故事

漫画：白雪公主和小矮人在美国买苹果派
白雪公主其实非常任性。
我想吃苹果派了，给你1000日元，帮我买来！
真是的！
总是提些无理的要求！
嗯？日元买不到吗？
NO！
请到兑换区换钱。
兑换区
1000日元可以换成10美元。
超好吃。～

- 在美国可以使用日元吗？
- 金钱的价值总是在变化吗？

让我们来讨论"汇率"吧！

2 一起探索周围的其他国家

只要在日本生活过的人，基本上都会说日语。虽然来日本旅游和在日本工作的外国人有所增加，但日本人和除说日语以外语言的人接触的机会，比起那些有大面积土地的国家来说，日本作为一个岛国，确实少得可怜。

可是，如果我们用心就会发现，即使不去国外，我们身边也有很多能感受“外国”的机会。

首先，让父母和孩子一起探索在日常生活中能看到的各色各样的国家吧！

金钱游戏F

一起探索我们身边的世界吧！

Q1

今天穿的衣服是哪个国家生产的？

"日本制造"吗？

上面用英语写着"Made in China"（中国制造）哟。

Q2

今天吃的点心是哪个国家生产的？

Q3

家里用的汽车是哪个国家生产的？

Q4

超市里的水果是哪个国家生产的？

世界是很大的！当我们看到每个国家的名字时，也在世界地图上确认它们的位置吧。

3 接触真正的外币

大家仔细地打量过钱吗?

虽然每天都在接触金钱，但没有多少人会仔细观察吧?

大家对日元都已经很熟悉了，但只有在接触了各种外币之后，才会发现不同国家的钱币有着不同的大小和质感。

下面就向大家介绍几种：

在美国流通的钱
单位：美元

特征：美元的大小和颜色都是一样的。美元纸币的表面印着本国的政治家，与制作西服的材料一致，因此可以在纸币上看到细小的线条。

1 美元约等于 110 日元[1]。

1. 本篇的写作日期是 2019 年 5 月 31 日，是按照那个时候的汇率计算的。以下国家的汇率，若无特别说明，都为 2019 年 5 月 31 日当天的汇率。

在意大利、法国等欧洲国家流通的钱

单位：欧元

特征：欧元有7种，每种的颜色都不一样，纸币上印有罗马式、哥特式等不同的欧洲建筑。欧元在欧盟28个国家中的19个国家中流通（截至2019年4月23日欧盟国家的数量，参考日本外务省[1]数据）。

1欧元约等于123日元。

在印度流通的钱

单位：卢比

特征：印度纸币的正面全部印着甘地[2]的头像。由于在印度生活着使用各种各样语言的人，所以背面印有15种语言。

1卢比约等于1.7日元。

在澳大利亚流通的钱

单位：澳元

特征：所有纸币都是塑料材质的，由一种叫"聚丙烯"的聚合物制作而成，比用一般材料制成的纸币更结实耐用，也更难被伪造。

1澳元约等于78日元。

1. 日本外务省是日本政府负责对外关系事务的最高机关。

2. 甘地（1869年—1948年）是印度民族解放运动的领导人、印度国民大会党领袖，被人们称为"圣雄甘地"。

在中国流通的钱
单位：元（人民币）

特征：现在流通的人民币表面印有毛泽东主席的头像，背面印有中国的风景名胜，比如杭州西湖、拉萨布达拉宫等等。

1 人民币约等于 16 日元。

在韩国流通的钱
单位：韩元

特征：现有 3 种纸币在流通。正面印有韩文，还印有世宗大王[1]、朱子学者李珥[2]、孔儒学家李滉[3]的肖像。

1 韩元约等于 0.091 日元。

1. 世宗大王即李祹（1397 年—1450 年），朝鲜李朝第四代君主。

2. 李珥（1536 年—1584 年）是朝鲜李朝儒学家。

3. 李滉（1501 年—1570 年）也是朝鲜李朝儒学家，与李珥并称为朝鲜思想界的“双璧”。

在日本流通的钱
单位：日元

特征：纸币中央印着叫作"屏障"的通透圆圈。左上角和右上角有识别记号，根据纸币种类的不同，识别记号也有所不同。日本银行宣布，将于2024年上半年更换印在纸币正面的人物。10000日元的头像将变为涩泽荣一[1]，5000日元为津田梅子[2]，1000日元为北里柴三郎[3]。

1. 涩泽荣一（1840年—1931年），日本明治和大正时期的大实业家。

2. 津田梅子（1864年—1929年），日本明治和大正时期的女教育先驱。

3. 北里柴三郎（1852年—1931年），日本著名细菌学家、著名免疫学家。

4 成人也容易忽视的一个事实是：金钱的价值经常发生变化

在国际化发展不断深入的进程中，了解外币和汇率的知识非常重要。因为金钱是有形的，所以很容易让人觉得它们的价值是固定不变的，但其实这是一个很大的误解。

比如，我们给孩子做家务活的钱 100 日元。那么这 100 日元能买多少东西呢？

在开头的漫画中，起初，小矮人用 1000 日元换到了 10 美元，买到了 1 个 10 美元的苹果派。一个月之后，同样的 1000 日元却换到了 20 美元，价值多了一倍。1000 日元买到 2 个 10 美元的苹果派。钱的价值就像漫画中一样在不断变化着。

1945 年左右，1 美元大概可以兑换 360 日元。而如今，1 美元只能兑换 110 日元左右。我们可以看到日元的价值发生了变化。

当把某个国家的货币兑换成另外一个国家的流通货币时，判断兑换的金额，这就叫作“市场汇率”。

1000 日元能买到的东西总量总是在不断的变化中。

再过一个 10 年，1000 日元能买几个菠萝派呢？

根据外币汇率的变动，金钱的价值也在发生变化。世界上有各种各样的纸币和硬币，其价值也不同。虽然金钱是有形的，但是其形式和价值都不是固定的。

5 一边玩耍一边体验“金钱价值的变化”

日本的货币单位是日元。

那么，在日本使用的钱，在美国也可以使用吗?

答案是NO。在美国，不能使用日本的货币，必须和美国的货币“美元”进行兑换。

接下来要介绍的是我们在财商学校经常玩的游戏，对于理解汇率和汇率市场都有帮助，请务必跟孩子一起尝试。

这个游戏的目标是“在美国，买1个1美元的苹果”。

那么，跟随A、B和C的脚步，我们一起来做游戏，也请准备好换钱用的虚拟“银行”。

首先，把日元拿到银行去兑换成美元。（对了，在前面的漫画中，小矮人是在叫作兑换区的地方兑换的美元，不是在银行。）在银行以外规定的地方也是可以兑换的。

把日元（3张100日元，3张50日元，12张10日元）拿到银行，丢骰子决定1美元可以兑换的日元金额。

首先，从 100 日元可以兑换 1 美元开始[1]。

比如，A 丢骰子，骰子显示的数字是 3。那么就前进 3 步，1 美元兑换 70 日元。从钱包里拿出 70 日元，在银行用 70 日元换取 1 美元。

然后，B 丢骰子，骰子显示的数字是 4，那么就从之前 A 的 70 日元的地方前进 4 步，130 日元兑换 1 美元。把 130 日元从钱包里拿出来，去银行用这 130 日元换 1 美元。

最后，C 也丢骰子，骰子显示的数字是 2。那么从 130 日元开始前进 2 步，110 日元兑换 1 美元。在银行用 110 日元兑换 1 美元。

如此进行第二次、第三次，每次汇率都有变动，但是和第一次一样，把 100 日元兑换 1 美元的地方作为起始点。同样地丢骰子，在银行用日元兑换美元。

第三次结束后，每个人都有 3 张 1 美元。

1 美元可以买 1 个苹果，所以每个人都能买 3 个苹果。

1. 这个游戏是按照第 91 页的固定图表走势来进行的。骰子决定步数，走势决定日元可兑换的金额。

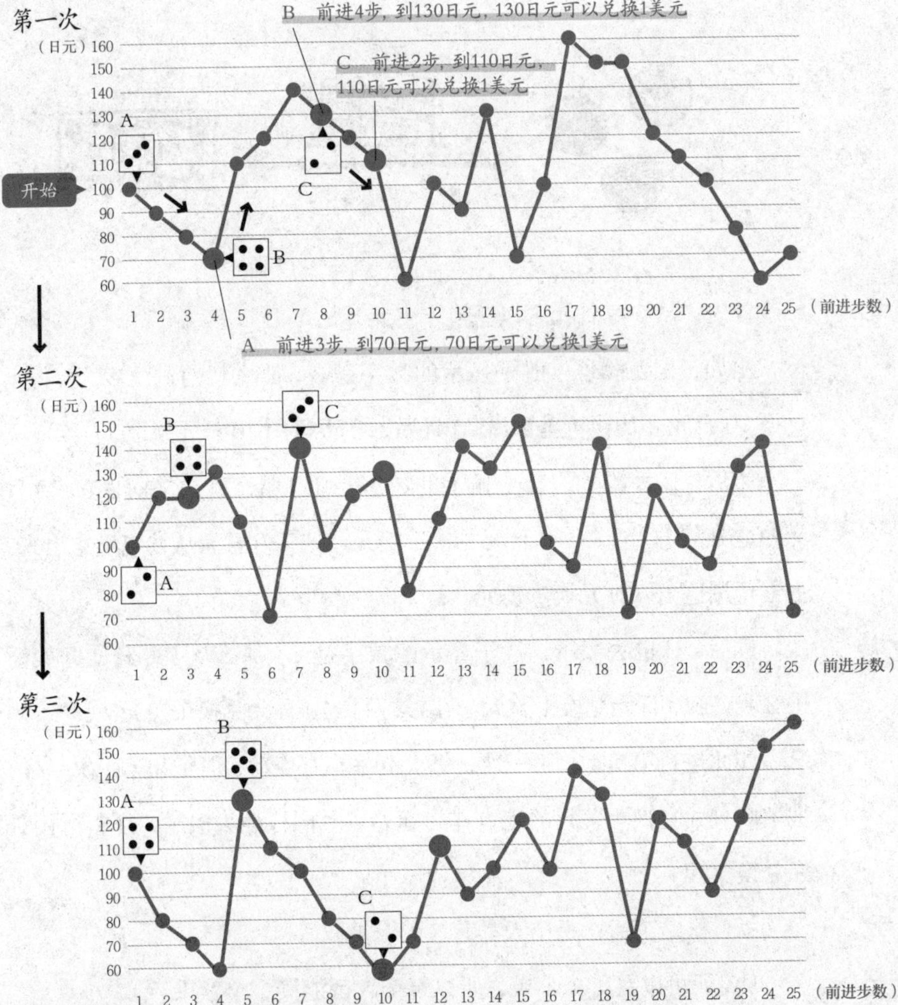

	第一次	第二次	第三次	合计
A	1美元 = 70日元	1美元 = 120日元	1美元 = 130日元	320日元
B	1美元 = 130日元	1美元 = 140日元	1美元 = 60日元	330日元
C	1美元 = 110日元	1美元 = 130日元	1美元 = 110日元	350日元

每个人都成功地买到了 3 个苹果。可是，让我们在这里稍做思考：虽然全员都买到了 3 个苹果，但是用来兑换的日元各不相同。那么，最获利的买苹果的人是谁呢？

合计一看，我们发现最获利的人是 A。

让我们来看看什么时候买最划算，什么时候买最不划算。

B 在第三次用 60 日元兑换 1 美元，买到了最划算的苹果。这个最划算的时候，就可以称作日元"升值"。

相反，B 在第二次用 140 日元兑换了 1 美元。这个并非最划算的时候，可以称作日元"贬值"。

每一次，我们都是用骰子让 1 美元的价值发生变化，其实在国家与国家之间汇率变化的原因是更加复杂的。

另外，从 2019 年 4 月末到目前为止，日元最贵的时候是 1 美元兑换 75 日元，日元最便宜的时候是 1 美元兑换 360 日元。那么，大家知道今天的 1 美元能换到多少日元吗？

每天，在电视和报纸的新闻上都有相关的信息，请多多留意。

金钱游戏 G

去美国买 1 个 1 美元的苹果！

在这里再一次总结在正文中说过的内容。

游戏的过程

1 每个人拥有 3 张 100 日元、3 张 50 日元和 12 张 10 日元。可以用真正的钱，也可以用自己做的钱。

2 投骰子

找一个人扮演在银行换钱的工作人员。

3 按照丢出的数字，前进相应的格子，所到之处对应的数字就是 1 美元可以兑换日元的金额。

4 把手上的日元换成 1 美元的纸币。

5 按团队或个人分组，每组玩 3 次，最后花费最少日元买到苹果的人（或团队）获胜！

第一次

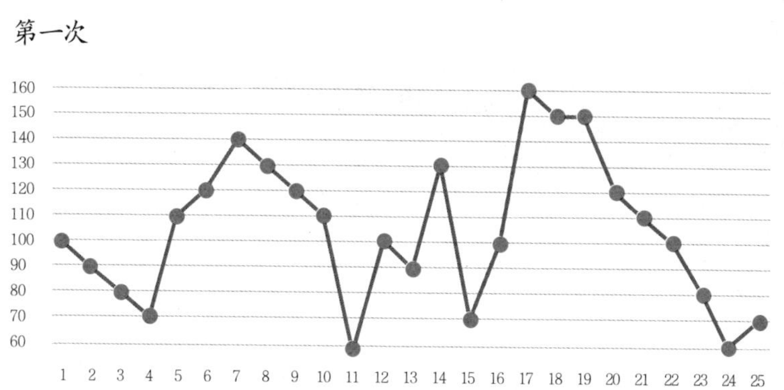
160
150
140
130
120
110
100
90
80
70
60
1 2 3 4 5 6 7 8 9 10 11 12 13 14 15 16 17 18 19 20 21 22 23 24 25

第二次

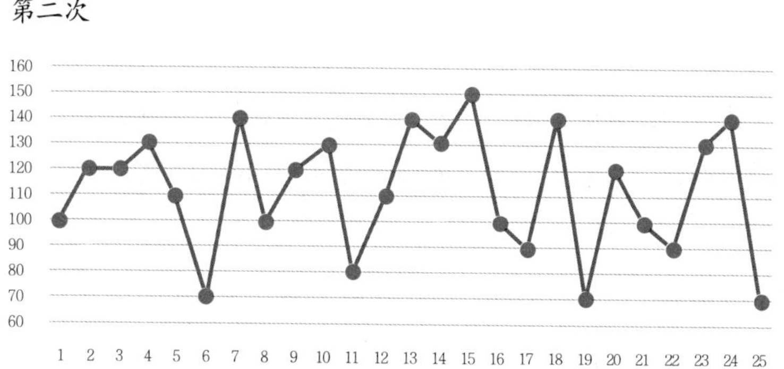
160
150
140
130
120
110
100
90
80
70
60
1 2 3 4 5 6 7 8 9 10 11 12 13 14 15 16 17 18 19 20 21 22 23 24 25

第三次

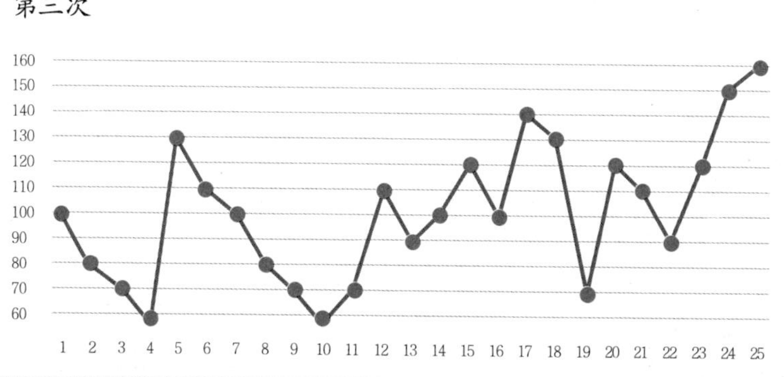
160
150
140
130
120
110
100
90
80
70
60
1 2 3 4 5 6 7 8 9 10 11 12 13 14 15 16 17 18 19 20 21 22 23 24 25

6 感受金钱价值的自然变化

如果继续玩上面提到的游戏，我们就会期待：“下一次多少日元能换 1 美元呢？”“100 日元能换到 1 美元吗？可能会更多吧？”

这样一想，我们会不会就兴奋起来了！

三次过后，所有人都能买到 3 个苹果，但花的钱不同。这就是 1 美元的价值变化。花更少日元买到苹果的，可以叫升值；花更多日元买到苹果的，可以叫贬值。

用现实的经济现象来说明：当日元高挺时，买进海外的产品（进口）就会获利；相反，当日元低迷的时候，卖出产品给海外（出口）就会获利。

买到苹果的时候

例如，100 日元变成 90 日元的时候

日元价高

好处是　买进口商品和海外旅行的费用都会减少。

坏处是　出口商品的价格升高，本国的东西不利于卖向海外。

买不到苹果的时候

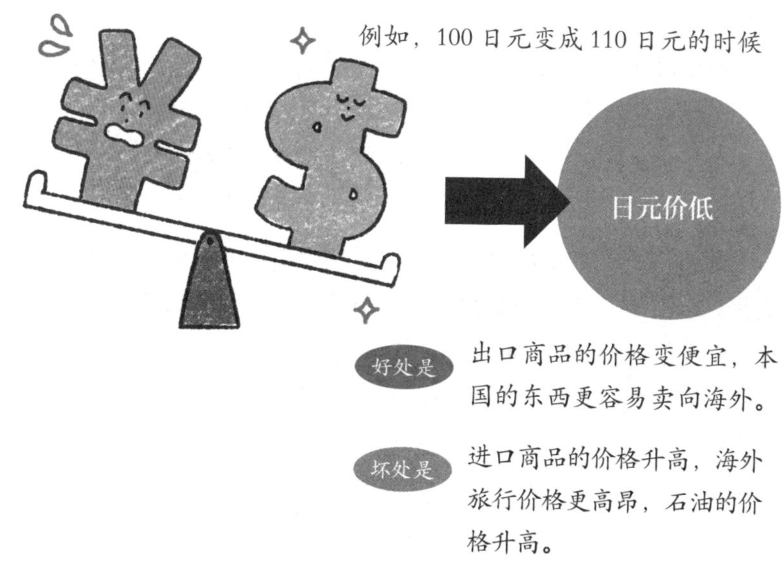

例如，100 日元变成 110 日元的时候

好处是　出口商品的价格变便宜，本国的东西更容易卖向海外。

坏处是　进口商品的价格升高，海外旅行价格更高昂，石油的价格升高。

Column

趁着日元走低，二女儿用外币零用钱赚了一笔

我给大家讲一个有趣的故事，一个我家的两个女儿跟钱打交道的故事。当越来越多的外国人涌入当今的日本社会，了解外币知识就显得至关重要了。为了让女儿能够适应外币，在她们上小学的时候，每个月我都会给她们1美元的零用钱。最初的三个月，我给她们的是真实的美元现金。后来，我以提倡环保为由，让她们制作电子账户簿，像第95页那样记录。

突然有一天，二女儿跟我说："姐姐真是个傻瓜。"我问她为什么这样说。她回答："我用800日元换了姐姐的10美元，姐姐的那10美元之前是以1美元可以兑换80日元购入的。可是，现在是1美元兑换101日元，她应该让我用1010日元跟她换才划算。"

原来，姐姐没有注意到汇率的变化。

我觉得很有趣，姐妹俩对钱有着完全不同的态度。虽然这并不能说明哪个聪明哪个笨，但这个故事可以说明，人们对待金钱的态度不尽相同。

姐姐用10美元换800日元，说明10美元对于姐姐来说就只值800日元，她能够放手，说不定她还觉得轻松了。对于妹妹来说，由于汇率的变化，她发现钱变多了，所以感受到这件事的有趣之处。

由此说明，人们对于金钱的态度真是大相径庭。

世界上有各种类型的货币，一旦汇率发生变化，钱的价值也会发生变化。家长可以在零用钱的给予方式上下点儿功夫，这样孩子们能在日常生活中学到更多关于汇率的知识。

三浦家的“美元”零用钱记录

		零用钱	汇率	平均汇率	合计
2011年	4月	1美元	83.34日元	83.34日元	1.00美元
	5月	1美元	81.25日元	82.30日元	2.00美元
	6月	1美元	80.51日元	81.70日元	3.00美元
	7月	1美元	79.39日元	81.12日元	4.00美元
	8月	1美元	77.22日元	80.34日元	5.00美元
	9月	1美元	76.83日元	79.76日元	6.00美元
	10月	1美元	76.77日元	79.33日元	7.00美元
	11月	1美元	77.57日元	79.11日元	8.00美元
	12月	1美元	77.85日元	78.97日元	9.00美元
中略					
2012年	11月	1美元	80.76日元	79.15日元	10.00美元
	12月	1美元	83.57日元	79.55日元	11.00美元
2013年	1月	1美元	89.16日元	80.35日元	12.00美元
	2月	1美元	93.16日元	81.34日元	13.00美元
	3月	1美元	94.76日元	82.30日元	14.00美元
	4月	1美元	97.69日元	83.32日元	15.00美元
	5月	1美元	101.08日元	84.43日元	16.00美元
	6月	1美元	97.33日元	85.19日元	17.00美元
	7月	1美元	99.75日元	86.00日元	18.00美元
	8月	1美元	97.87日元	86.63日元	19.00美元
	9月	1美元	99.27日元	87.26日元	20.00美元
	10月	1美元	97.82日元	87.76日元	21.00美元
	11月	1美元	99.78日元	88.31日元	22.00美元
	12月	1美元	103.41日元	88.96日元	23.00美元

7 汇率和投资的故事

现代人不只需要了解汇率的知识，还需要掌握投资的知识。

比如说，日本银行的存款利率是变化的，此时此刻的利率是 0.1%。也就是说，如果在银行储蓄 100 万日元，需要花 72000 年才能存到 200 万日元。

在我父母那辈年轻的时候，银行的存款利率是 7%—8%。甚至有时候邮局的 10 年定期存款利率可以高达 20%。

到 2019 年 10 月，日本的消费税预计会上涨 2%。这样一来，用于生活的整体支出会增加 2%。日本银行把物价上涨的目标定在 2%。此刻暂定的通货膨胀率是 0.5%—0.6%。

与此同时，工资并没有随之增长。而且银行的存款利率也停留在 0.1%。

通过综合分析，如果只是把积蓄存在银行，即使面额上没有变化，实际的价值也在减少。

只就利率来说，现在的银行和家中卧室里摆放的玩具存钱罐没有什么太大的区别。

因此，如果想在当今这个时代增加存款，要么大量地挣钱，要么就去投资。

8 孩子们最大的武器就是拥有充足的时间

在和孩子谈钱的问题时，家长一定要告诉他们“时间”这个概念。孩子们的优势是接下来还有10年、20年、30年……这样长久的时间。

在给小学生讲解的时候，家长可以讲有什么办法让孩子变得比爸爸妈妈更有钱，可以用简单的投资故事讲给孩子听。

从10岁到60岁，这50年间的10万存款用7.2%的利率储存，总计会有3233994日元。从44岁到60岁这16年间，100万日元用7.2%的利率储存，总计会有3041701日元。

那么，计算复利（把一直以来的利息加入本金，然后作为整体得到的利息）时，10岁的孩子大约有323万日元，44岁的父母大约有304万日元。

这样一比较，50年后，10岁的孩子都会比44岁的父母更有钱。

孩子往账户上存了10万日元，父母存了100万日元。明明孩子存的比父母少，但是以50年这个长久的周期用复利来看，利息添入本金里，变成新的本金，然后再制造本金，也就是说，像滚雪球一样越滚越大。

结果在长期投资和复利效果之下，用很少的金额进行投资的孩子反而金额增加得更多。

另外再加1万日元，孩子从11万日元开始存，60岁的时候就有大约356万日元，比从10万日元开始要多出大约33万日元。

我想大家都已经充分意识到了，孩子们拥有的武器就是时间。正因为如此，在跟小学生谈话时，我会反复强调有效利用时间的重要性。

计算方法（1年利率7.2%）

利率

1.072  本金 → 年数 

计算① 44岁的父母存100万日元，到60岁时有多少钱？

1.072×100万日元 →（16年）= 约304万日元

计算② 10岁的孩子存10万日元，到60岁时有多少钱？

1.072×10万日元 →（50年）= 约323万日元

沉睡的金钱也可以在"时间"这个魔法下累积起来。

9 投资和投机有什么区别？父母也要关注“如何让金钱增值”

国人认为储蓄是美德。最近，虽然出现了一些支持“投资”的声音，但是储蓄的观念在国人的头脑中依旧根深蒂固。

然而，在这个利息超低的时代，物价上升，消费税上涨……生活中花费的钱总是不断上涨的时候，即便有存款，也无法令其增值。如果只让钱静静地躺在那里，就相当于钱在不断减少。

虽然赚钱的方法并不是一朝一夕就能学会的，但是父母要有意识地教育孩子。在这里，我想谈一谈投资和投机的区别。

投资 例如：股票

从长期来看，成长性的企业发行的股票和增长很显著的国债等都值得投资。这个企业业绩增长，这个国家经济发展后，股价自然会上升。从短期来看，无论什么样的企业和国家都是如此，有业绩（或经济）好的时候和业绩（或经济）不好的时候，彼比循环往复，股价时高时低。

投资就是不因短期的变动而一忧一喜，而是从长期角度去观察企业和国家的发展。

股价总是一会儿上涨，一会儿下跌。认知有限的人无法读懂短期汇率的变化。

当新闻上大肆宣扬股价要涨的时候，大家都去购买。这并不是因为人们有相关的知识，而是受到新闻的鼓动而已。大多数时候，股票涨停都会成为新闻。满怀欣喜的人们就会赶紧出手购买。

但当股价开始下降时，人们又会急吼吼地卖掉，最后损失惨重。

这就是大部分股民的做法。

我不太关心股票短期的上下起伏。

从长期来看，一直在成长的国家和企业，哪怕有一时的跌落，都是在发展的。如果说给一个提示，那就是：人口增长、年轻人多的发展前景好。

即使有短期的上下起伏，从长期来看，这样的国家和企业大部分都在稳步前进中。我正是因为给这样的地方做了投资，才用8年的时间就交完了房屋贷款。

投机：短期股票买卖和赌博

在股价跌落的时候买进，在股价上涨的时候卖出，短时间内就可以赚到钱。这种试图在短期内赢利的买卖不是投资，而是“投机”或“赌博”。

国人常常把投资看作“赌博”。必须分开看投资和投机。在前面的章节中，我们谈到过，10岁的孩子开始储蓄，是长期积累、把时间当作伙伴的“投资”行为。

时间是孩子们拥有的大量的、无可替代的财富。能否把时间最大限度地利用好，这关系到能赚多少钱。从这个意义上说，孩子们接下来的人生可以用“投资”这个视角来看待。

孩子们有无限广阔的未来，关注他们成长的爸爸妈妈，请务必把“投资”的意义种在他们心中的某个角落里。

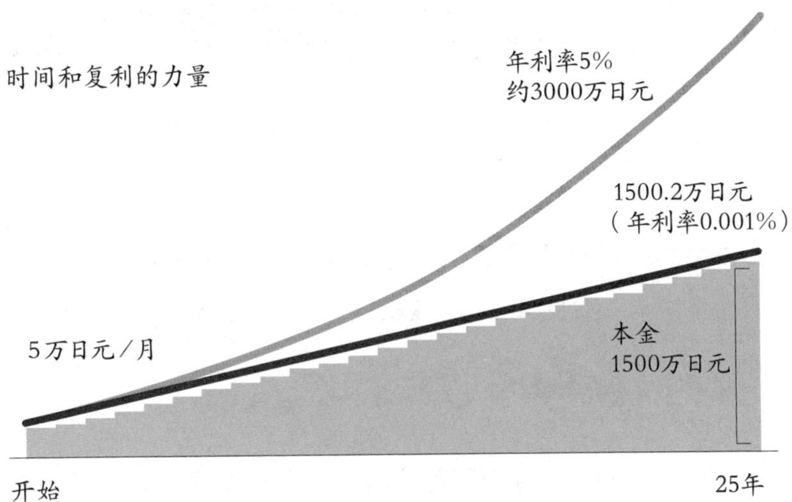

如果一个30岁的读者每月存5万日元，坚持25年，本金就有1500万日元。看到图上的曲线你就会明白，当年利率变高，再经过一段时间，曲线的增长率就会变高。

这就是"长期"和"利息"带来的好处。

如果储蓄25年的平均年利率是5%，那么就大约有3000万日元。

假如现在的银行利率是0.001%，那么25年后取出的金额就是1500.1869万日元，0.2%的情况下大约是1538万日元。

由此可见，投资是非常重要的。

当然我们必须要去学习如何投资。

10 从日元和美元的差别来看“自己”与“世界”的联系

在本章中，我们涉及了世界上流通的货币、日元和美元的价值，以及汇率市场等等。通过这些，我希望孩子们可以感受到自己与世界有着密切的联系。

此时此刻我们身上穿的和平日里吃的东西，很多都是外国制造的。通过想象看不到的那些“东西”和“金钱”的流通过程，孩子们可以养成用全面的视角看待一切的习惯，这样他们就绝对不会形成自恋的思维方式。因为这种角度，可以帮助他们意识到自己也是这个广大世界中“重要的一部分”。这样的孩子就会拥有以下思维：

“重视自己。”

“能去学校上学真是太好了！”

“想去看更广、更大的世界。”

无论是人们自己，还是我们这个国家，都是这个世界中的一部分。通过跟孩子之间进行金钱游戏，希望家长们也能把这样的观念植入到自己的心中。

孩子们应该拥有很多梦想和希望，例如有想见的人、想做的事情、想去的地方、想吃的食物等等。

"想去德国，想看我国选手在当地的比赛。"
"想去意大利吃美味的比萨！"
"想去澳大利亚抱考拉！"

靠自己的力量去自己想去的国家，这样的梦想并非遥不可及。

即便生活在国内，孩子们也能关注到其他国家，因为在我们的日常生活中，到处都能看到别国的影子。

肩负国家未来的孩子们啊，把自己的梦想变得更大吧，培养出能实现这个梦想的实力。

Column

拥有多少钱才能满足？在阿拉伯购物的故事

这是我的一个朋友在突尼斯旅行时的故事。

据说在阿拉伯地区经常会遇到这种事情，但他真正遇到还是头一次。

在一家特产店中，他看到一个价格非常昂贵并且有点儿奇怪的商品。

可是，当他豁出去跟店员砍价时，价格就慢慢地降下来了。他觉得有意思，所以跟那个“狡猾”的店员砍了好几回价。

终于，价格降到一定程度后，怎么砍都砍不下去了，可是我的这个朋友还是不服输。店员后来把自己的领导叫来，于是这个朋友又跟新来的领导进行了一番更加激烈的交涉。

最后连老板都出来了，价格总算是少了一些的时候，在那奇妙的一瞬间，朋友觉得：“啊，这个价格就OK了。”于是就买了下来。

买这样一个小小的东西，大约花了两个小时。“这两个小时真是好玩呀！”如果能这样想的话，这个价格就能够被接受。

实际上，这个物品本身价值多少，已经无关紧要了。跟阿拉伯商人在交涉中所花费的时间，都是支出。

正如三浦家姐妹的故事（参考第94页），不同的人对于金钱有着截然不同的态度。

第5章

让孩子们的未来更富有：制订生命计划和确定将来的梦想

1
漫画：蚂蚁和蟋蟀的未来计划与幸福人生
某日，在昆虫沙龙里。
这是个人生百年的时代。
是啊，我们的人生还长呢。
快乐的虫虫生活
我还真没想过未来的人生会怎样啊。
我的未来
我有很多想做的事情哟。弹琴、唱歌、去各种各样的地方旅行……人生总会有出路的。
啊，是吗？那我该怎么办呢？
好，我也好好想一想！
一年后，建巢。
两年后，结婚。
四年后，生孩子。
五年后，给孩子建房子。

与孩子一起思考：
蚂蚁和蟋蟀在20年、30年后，
谁会得到充实而幸福的未来呢？

2 父母要多给孩子讲讲“长大成人的好处”

家长们平日里会跟孩子聊自己工作上的事吗？

“……不，不太聊。”“即便聊，孩子也听不懂……”如果抱有这样的想法，那真是太可惜了。

在讲座上，我会遇到不同性格的孩子。

当问到他们对大人的印象时，有些孩子会说：“大人都没有梦想”“当大人好无聊”……

问其理由，他们会说：“爸爸妈妈总是说自己很忙。”听到孩子们这样的回答，家长们是否觉得心中一震呢？

“忙”这个字，是由心字的偏旁加上“亡”字，也就是“失去心”的意思。家长总是无意识地告诉孩子“我很忙，我很忙”，就像洗脑一般灌输给孩子。作为两个孩子的父亲，我也为工作和家庭事务各种忙碌，所以我很能理解这种心情，但是，如果因此孩子们跟大人不亲密了，那就太可惜了。

我尽量不说“我很忙”，我会说：

“哇，今天我竭尽全力了！”

“真是头疼……不过，还是会有办法的！”

我总是像这样，有意识地改变说法。有时候我也会夸大地表达，但我并不后悔！

或者是，

“大人们真厉害呀！用自己赚的钱买喜欢的糖果，想买多少就能买多少。”

“想想吧。长大成人之后就没有作业了哟。”

“即便是熬夜，也没人骂你，对吧。”

我总是不经意地半开玩笑似的告诉她们长大成人是一件好事。

为达到目标——让尚待开发的孩子们，憧憬长大成人后的生活——父母们稍微改变一些言行，孩子们对未来蓝图的期盼也会随之发生变化。

3 当公司职员这个想法也不错

当我问孩子们将来想做什么的时候，有的孩子回答：“想当公司职员。”一位妈妈曾沮丧地说：“这个答案听起来有一点儿让人失望。”

问其理由，妈妈说：“想让孩子拥有更快乐、更自由的梦想。没想到只是想当个公司职员……听起来太过现实了，都不像是孩子的梦想。”

我倒觉得这个孩子的梦想不错。

世界上大部分人都在某个公司工作。在第12页中，我们知道在我国有2.8万种工作。在劳动力调查基本统计中，日本平成三十一年（即2019年）3月份的资料显示，就业人数达6687万人，被雇用者5948万人，换算成比例，那就是说在公司里当职员的人数占了总就业人数的89%。也就是说，在日本，大约9成人都是公司职员！

从这个数据中我们可以看到，这个孩子的梦想非常现实，不能说孩子的梦想很无趣！

不应该用大人们单方面的眼光和标准给孩子的梦想贴上负面的标签。“不要否定孩子的梦想”是父母给孩子的重要支持。

默默地守候孩子的梦想是父母的职责之一。

孩子们会经常观察大人

我们接着先前那位梦想当公司职员的孩子的后续故事来说。

从这个妈妈的口中得知，孩子的爸爸是典型的工作狂，总是在忙工作上的事情。

“此刻爸爸在做这些事情……”

“到夏天之前，要去某某地方，推进这个项目。”

“虽然有很多困难，但为了能成功解决这些困难……”

工作中会遇到有趣的事情，也会碰到麻烦的事情。爸爸会经常随意地跟孩子谈起这些事情。这位爸爸从来没抱怨过工作。最初孩子的妈妈听到孩子的这个梦想，觉得挺失望，“后来丈夫总是一本正经地谈论工作上的事，也许因此孩子才会觉得即使当公司职员也是不错的选择吧”。

我很欣慰听到妈妈这样说。

孩子们经常观察大人们做的事情，尤其是爸爸妈妈工作的样子、对工作的态度等等。需要让孩子们清楚地知道干任何工作都很辛苦。这样，孩子才会很自然地联想到自己的职业理想并树立自己的职业观。请爸爸妈妈不要忘记这一点。

5 用以终为始的方式，将未来具体化

在为孩子创办的工作坊中，我经常提议制作“倒计时计划表”。

让孩子们写下将来想成为的人或者想做的工作，然后思考怎样做才能实现这个想法。

我们家也让女儿们做过。大女儿想成为一名“助产士”。

怎样才能成为助产士呢？

↓

进入能取得助产士资格的大学。

↓

要进入该大学，需要先进入某高中，取得相应的成绩。

↓

要想进入某高中，就需要在中学取得相应的成绩。

↓

那么，在小学需要学习些什么呢？

就像这样，要开展这个计划，只需要学习学校的内容就可以了吗？

想要实现梦想，需要学会一些别的什么东西吗？

一边思考这些问题，一边制订计划。

有一条铁律是：大人们不要插嘴。

即使孩子写错了也没关系，之后再修正就行了。

在大人的商业活动中，为了达成目标，也会制订计划，安排好当下应该做的事情。与此同理，正因为先有计划，才能指导具体的行动：实际去妇产科考察、去咨询助产士……如果本来就怀揣梦想，再遇到在此领域出类拔萃的人，孩子们会更加憧憬未来。

有梦想的孩子更不容易放弃。因为有了梦想，孩子们会知道当下的自己在哪一级台阶上，会有方向感，知道自己应该做什么，从而变得坚强。

制作家庭的未来年表

重要的活动日 / 家庭成员的名字	1年后 ( )年	2年后	3年后	4年后	5年后	6年后
岁						
岁						
岁						
岁						
岁						

未来的梦想，将来想做的职业？

自己的目标和想做的事情

小学生	中学生	高中生	以后

15 年后，爸爸妈妈多少岁？

7 年后	8 年后	9 年后	10 年后	11 年后	12 年后	13 年后	14 年后	15 年后

有重要事情的一天

月　日　　　　月　日

月　日　　　　月　日

月　日　　　　月　日

月　日　　　　月　日

月　日　　　　月　日

6 借贷可以带来“美好时光”吗？

对于已经生儿育女的家长来说，距离自己最近的“借贷”可能就是住房贷款了。

当然，如果没有贷款是最好的。

如果以买房子为目标，我其实更推荐知道何时支付完毕和每月按时还贷款的方式。

想要一所房子的理由有很多，最重要的理由可能就是“为了家人的幸福”。

在没有还完贷款的这段时间里，虽然房子还不完全属于自己，但只要一直生活在这个房子里，就会不断积累出更多的回忆。

在有开放式厨房的房子里，孩子在做饭的妈妈身边做作业。

孩子们在客厅和庭院里奔跑。

在一面墙壁上贴满图画和工作表。

放置立体钢琴。

邀请朋友们来参加孩子的生日会。

装扮圣诞树。

在柱子背后刻下长高的印记。

……

这样向往日常生活的人都会想要买个房子。

如果等到孩子长大成人后，即使用全款买房，孩子的回忆里也没有在这所房子中生活的点点滴滴。30年、35年……在这样漫长的岁月中慢慢地偿还住房贷款。这样的贷款方式拥有不可思议的力量，能给家人带来金钱无法替代的体验。如果用比喻来形容，那就像是：在日落后，在风景最美的时候，走过的那条美妙的小径。因此，我认为贷款买房不是一件坏事。

因为在这个银行利率超低的时代，我们不把它看作“借款”，而看作“资源调配”。当然，看好返还的时机和从有信誉的金融机构正规借贷，这些是大前提。

7 实际生活中的花销原来这么多！

在考虑将来的同时，很自然地会考虑“当下应该怎么过”“当下应该如何生活”这些问题。

如果孩子们也能有这样的视角，那么这就是家长与孩子一起思考当下生活花销的好机会。

【生活中不可缺少的开销】（例）

① 税；

② 养老金和健康保险；

③ 生活费（房租、住房贷款、水电费等）；

④ 教育费（学校和培训班的费用等）。

当然，这只是一个例子，一个月的水电费大约 2 万日元，房租和住房贷款 5.5 万日元—10 万日元，文具花费、补习班花费、休息日的外出费用等一共 2.8 万日元，税金和社会保险 4.59 万日元（按年收入 400 万日元的水准核算）。把生活中的这些开销从工资中减去后，留在手里的钱就是“可自由支配的钱”。

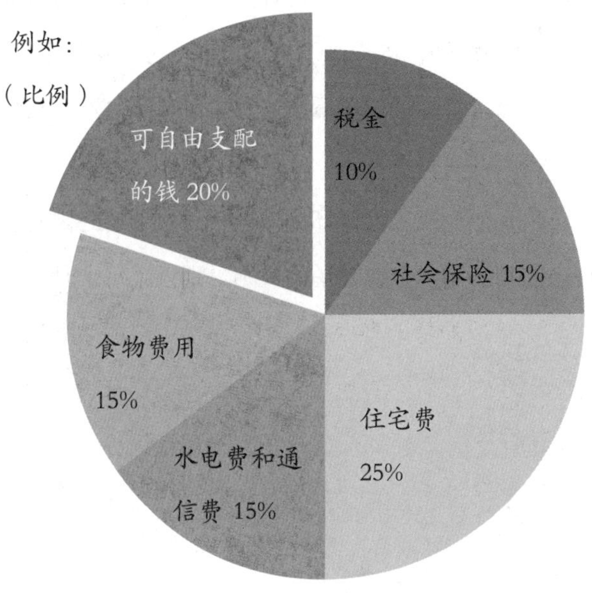

并不是全部工资都能被自由使用。
能够自由使用的钱数是非常少的。
如何使用钱？好好思考并做好计划是非常重要的。

假如工资 20 万日元，那么有多少可以自由支配的钱呢？请跟孩子一起来算一算。

并不是全部工资都可以被自由支配。

家长把这些常识在日常的对话中慢慢教给孩子吧！

有些孩子到上小学的年纪了就会问：“我们家是穷，还是富？”参加讲座的家长们也遇到过类似的问题，很多人只能苦笑，不知道该怎么回答。

如何区别贫穷和富裕呢？即便有 1 个亿，有些人也会为这笔财富减少而担忧。与之相反，有些人哪怕只有 1000 万日元也会觉得很安心。

孩子如何看待金钱，和孩子的成长环境、父母价值观的灌输有很大的关系。

正因为如此，不要跟其他人或者世俗环境做比较，每个家庭都有自己的判断，要按照自己的判断制定金钱开销的规则。别人家每个月有零用钱 1000 日元，可我们家采取的是干多少家务就得到多少报酬的做法。一旦把规则定下来后就拿出自信，不要动摇。所以首先需要家长之间一起讨论，制定规则：如何使用金钱、如何给孩子发零用钱等等，这一点非常重要。

现在养孩子，不可忽视的费用是“教育费用”。大家都非常关注三大支出[1]之一的教育费用。

那么，问题来了！从小学 1 年级到 6 年级，一个孩子所需要花费的教育费，你觉得是下面哪一项呢？

A. 193 万日元

B. 125 万日元

C. 85 万日元

1. 三大家庭支出一般被认为是教育支出、医疗支出和住房支出。

正确的答案是A，193万日元。数据源于：平成二十八年（即2016年）日本文部科学省[1]关于孩子们学习费用的调查。

如果孩子上公立小学，那么每个人每年大约花费32万日元，一共6年。这是把公立小学的学校教育费、餐费、校外活动费（课外补习班等）等等加在一起的费用。如果用旋转寿司店里一碟100日元的寿司来换算的话，6年时间所花费的钱可以买19300碟！这是个很惊人的数字吧！

顺便提一句，如果孩子上私立小学的话，一年花费大约152万日元。

那么，如果是与经济有关的问题，当孩子问我们“什么是税金？”“什么是养老金？”“必须交健康保险吗？”的时候，你能立刻回答出来吗？

“税金”是纳税人交给国家的钱，是用来支撑社会正常运转的钱。国家用这些钱建学校，买课本，回收和处理垃圾，用来搞新的研究与开发，给警察、老师、消防员等公务员发工资。也就是说，这些税金被用来保护国人的安全，服务于国人的生活。

“养老金”和“健康保险”是居住在我国的成年人往国库里存入的钱，用于当大家到了年老无法工作的时候，或者受伤生病住院的时候。如果爸爸妈妈的身体出现了什么状况，就可以从“养老金”和“健康保险”的储蓄中取出来使用。

1. 日本文部科学省是日本中央政府的行政机构之一，负责统筹日本国内教育、科学技术、学术、文化及体育等事务。

8 让孩子知道“生活开销”的意义

“好像把生活开销的事情都告诉孩子的话，会有些不妥……”有些父母会有类似这样的顾忌。

然而，对于孩子来说，知道自家生活的现状，绝不是坏事，也不会带来坏的影响。

相反，如果孩子知道“哇，在吃饭上花了这么多钱啊！”“原来赚的钱都用在生活上啦！”这些后，他们也许就会更认真地吃饭了，或者会更节约地使用家里的日用品，会想到要节约用电，不会总开着空调，还会仔细地关好水龙头。

比如，如果忘记关上水龙头，漏水 1 天半就会浪费 150 日元；如果 2 天不关 100 瓦的电灯泡，就会浪费掉 100 日元。

所谓生活就是花钱。

理解到这一点，对于指导我们的生活就会有非常重要的意义。

我们可以用节约下来的钱去旅游。不但要储蓄金钱，还要正确地使

Q 在炎热的夏天，能有哪些快乐的节约方法？

- 转到凉爽的地方休息（比如公共场所）；
- 听能让人感到凉爽的声音（挂上风铃，播放自然声的音乐）；
- 洒水；
- 吃凉爽的食物（吃黄瓜和西红柿等夏季时令蔬菜，喝麦茶等饮料）；
- 买省电的家电产品；
- 使用电风扇；
- 使用扇子……

想出一些适合自己家的节约方法吧！

用金钱。在了解到家中的经济现状后，家庭成员之间一起讨论如何让生活过得更好是很有必要的。

9 如果只是损失一点小钱，尽可能让孩子去尝试吧！

对投资所持有的态度是非常重要的，这一点我在第 100 页中已经提到过。因为日本人在学习投资的时候，缺乏投资的实践经验，因此很容易感到害怕或采取回避的态度。

在我的儿童财商学校，有一个工作人员，她曾经是银行职员，在当时领导的推荐下花了 50 万日元购买了印度国债。当印度经济不景气的时候，她手中的国债暴跌，只剩下 20 万日元。与此同时，她的心情也像手中暴跌的国债一般，郁郁寡欢。于是，她就像自暴自弃了一般，在一段时间内都没有再去搭理过这个国债。几年后，在某个契机的指引下，她去看了一眼这个国债，万万没想到的是又回到了最初购买时的金额。

通过这次经历，她体会到了长期投资的重要性，对于投资的恐惧以及偏见一下子都消失了。

这就是从经历中学到经验的例子。

当下有很多父母都小心翼翼的，生怕孩子失败。

所有的事情都有因果关系，在长大成人之前，孩子们要理解这一点。

然后再好好地理解金钱的流通路径，了解到金钱的流通规律，就不容易受骗了。

Q 为了不成为那种容易上当受骗、被榨取钱财的大人，我们应该做些什么？

了解风险和回报是等量的。

无风险，高回报，这很危险。

低风险，高回报，这也很危险。

任何事情都是“高风险，高回报。低风险，低回报”。

然而，如果只损失几百日元、几千日元，是可以让孩子们尝试的。

比如，孩子们之间因为借钱还钱的事情产生了矛盾。金钱是有魔力的，如果借出去的钱拿不回来，或者借了钱不还，就会破坏人际关系。在长大成人后，如果还出现这种情况，就会失去朋友的信赖，甚至失去朋友本身。

不过，在还是孩子的时候出现这种情况，父母参与进来调停和道歉，事情是会和平解决的。当然，还必须教给孩子为什么借钱后一定要还钱的道理。这是让孩子们学习到使用金钱的时候会有阴暗面的好机会。有了这个经验，当孩子长大后，就不会出现大额的经济损失，也能避免因为金钱带来的人际关系摩擦。

让孩子尽可能多地“失败”吧。孩提时代的失败可以有回转的空间，而且也可以让孩子尽早成长。

10 以三个阶段来考虑人生

现在是人生百年的时代，很多国家人们的平均寿命在80岁以上，人生还是很长的。

很多人每天忙于眼前的事情，没有精力考虑以后的人生，其实我们可以把人生大致分为三个阶段，并以此来把握。

阶段1　　0—20岁的“学习阶段”

爸爸妈妈帮孩子付钱。为了将来度过有意义的工作阶段，在学习阶段我们要大量学习有关金钱和社会的知识，为未来做好准备。

阶段2　　21—60岁的“工作阶段”

努力工作赚钱。不单通过工作挣钱，还要通过投资等方式来增加金钱。

阶段3　　60岁以上的“享受阶段”

靠储蓄和养老金生活。

工作阶段有大约40年的时间！

既然如此，能找到自己真正想做的事情，找到自己真正热爱的工作是最好的。为此，有必要做好准备。

越早开始准备，越容易达到目标。

在有所成就的人群中，很多人从孩提时就开始怀着“在奥运会上取得金牌”“在棒球联赛获得冠军”等类似的梦想。

这就是“未来年表”。

11 因为不知道未来会发生什么，所以想象才非常重要

也许过上我们理想蓝图中的人生是非常困难的事情。

尽管如此，设定目标也是必要的。思考是有意义的事情。

有目标的孩子和没有目标的孩子，在学习方法和生活方式上都有很大的差别，因为憧憬的东西和志向都不同。

父母可以让孩子书写自己的“未来年表”，不过，因为很容易带入个人情感，所以最好是拿给家庭成员以外的人看一看。

制作“未来年表”后，每天都要看一看。

如果每天都看，孩子们就可以增强意识，可以跟朋友谈论，很可能在不知不觉中就实现了目标，这可以说是一种实现目标的捷径。

设定目标，也可以说是自我成就的预言。会不会实现目标呢？人在思考这个问题的过程中，会不知不觉采取符合这个目标的行动，结果，自然就实现了这个预言。

公开自己的梦想也许需要勇气，但也要试着说出来。

跟家人和朋友们讲。说得越多，看“未来年表”的次数越多，实现

目标的可能性也就越高。

所谓“言行如一”就是这个意思。

Column

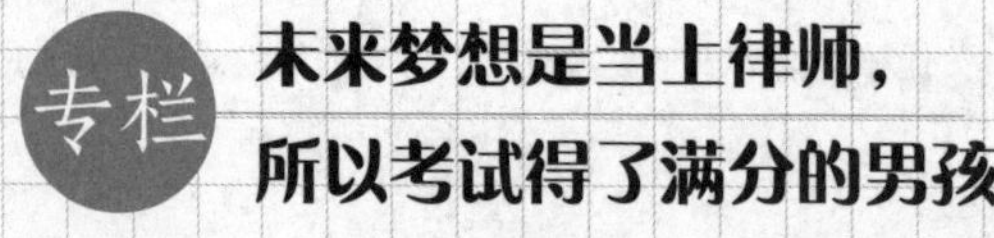

专栏 未来梦想是当上律师，所以考试得了满分的男孩

这是一个参加儿童财商学校讲座的男孩的故事。

在我们让他制作“未来年表”后，他意识到自己的梦想是当律师。据说，在这之前，他都是浑浑噩噩地去学校上课，读书也总觉得别人比自己厉害，没有太大的上进心，也没有多少动力去运动。可是，当他拥有了当律师的梦想后，就开始思考自己需要做什么才能当律师。“想当律师就必须参加司法考试……为此要去能够学法律的大学……有法学部的大学在省内有这些，在省外有这些……”

最初，他说当律师的理由是想成为有钱人，让爸爸妈妈过上幸福的生活。

后来再问他：“你当上有钱人后，就能让爸爸妈妈幸福了吗？”他又进一步思考，最终得到的答案是：“想帮助陷入困境的人，想做这种能帮助他人的工作，让爸爸妈妈为他高兴，同时也能挣到很多钱。”

最初的动机是什么都可以。我们只需要尽力引导他们就好了。

最让我感动的是这个孩子的意愿和动力。

当他在考试中取得优异成绩的时候或者学期结束的时候，他总是会来跟我汇报成绩。“我又得满分了！”“我的成绩又上升了哟！”将来的梦想，正改变着他的“现在”。

让我再一次见证了梦想和目标的力量。

第5章

让孩子们的未来更富有：制订生命计划和确定将来的梦想

后记

看完这本关于金钱的书后，感觉怎么样？

在最后一章的开头，蚂蚁和蟋蟀谈到了“现在是人生百年的时代”。现在确实是人生百年的时代。跟我们父母那辈的时代相比，相互之间的价值观、工作方式、生活方式都有很大的差异。平成年代（1989 年 1 月 8 日—2019 年 4 月 30 日）的末期，发生了前所未有的天灾——东日本大地震，从那以后人们的观念也发生了变化。拥有房子和车这些东西的意义以及与家人共度时光的意义也发生了变化：未来虽然很重要，但也要更重视现在，人们开始重新审视这个问题。

蚂蚁和蟋蟀的生存方式就可以做比较。可是，从认真地过好今天这个根本的角度上来说，两者并无差异。

像蚂蚁一样，认真地制订好人生计划，按照计划，每天勤勤恳恳地积累，这种踏实的生活方式，在任何时代都是可行的。

另一方面，蟋蟀的生活方式也是可以存在的。在这本书中我也略有提及，钱不单单是用来储蓄的，也是用来享受人生的，是让人过得更加幸福的工具。像蟋蟀一样，把钱用在自己现在重视的、想体验的事情上，也绝非浪费，这也是一种选择。

两种选择都是正确的。

虽然没有绝对的正确与错误，但不管是选择蚂蚁的生活方式，还是选择蟋蟀的生活方式，制订计划都非常重要。设立好清晰的目标：自己想过怎样的生活，自己“当下”喜欢哪种生活方式。确定好目标后，就像描绘出明确的轮廓般，变得生动起来。

在《伊索寓言》的世界观中，蟋蟀最终的结局不好，但在这个价值观和生活方式都多样化的今天，我想说任何一种生活方式都是可以的。（不过，绝对不要忘记制订人生计划哟。）

读者朋友们，通过制订人生计划，让我们把注意力更多地关注在人生好的一面上吧。就像孩子们写的关于未来之梦的作文一样，大人们也写下自己的梦想吧，然后通过人生计划，选择适合自己的生活方式和与金钱打交道的方法。

如果对金钱还有任何想不通的地方，不要稀里糊涂地过，而要好好地直面它。审视自己家中的开支和金钱的流向，思考如何才能缓解因为金钱产生的焦虑。

当自己无论如何也办不到的时候，请咨询专业人士。我们的存在就是为了在这种时候能帮到你们，请相信我们。

烦恼和不安意味着你在很努力地度过这一天。

幸福、安心与烦恼、不安是一对正反面。

当消极的一面来临的时候，全家人齐心合力把这一面翻过去就可以了！这正是发挥生存能力的时候，这正是所谓的活下去。

相比正确的东西，大脑更喜欢快乐的东西。

在日常生活中，在跟孩子们的互动中，在夫妻相处中，在工作中，都找到快乐的事情吧。

当我们生活得快乐了，这种快乐也会传递给孩子。

让我们给孩子带去长大成人的憧憬吧！

最后，感谢协助我创作本书的各位：大阪的草野麻里、掘久志、裹野由美子、森继兄和川田俊介，岐阜的高田秀铺、高田三佳、东山崎鲇美，山口的冈野翔，仙台的高田敏博，筑波的石冢安代，爱知的岛海翔，名古屋的岩本贵久，鹿儿岛的町田贵之，滋贺的内山义之，爱媛的佐川启子，大分的藤原祐子、篠崎美保和太田伸子。

感谢大家，没有大家的帮助，就没有这本书的面世。

帮助孩子和父母，这是我们共同的心愿，多亏了大家才有了这本书。

再次由衷感谢。

我们把“与全国大约250名讲师，与接下来要肩负日本未来的孩子们，在金融相关的场景下工作”作为我们的使命，我们将继续努力，更多地为社会做出贡献。

令和元年——新时代的开端

祝愿孩子们活泼健康地茁壮成长

三浦康司

词汇库

“这是什么？”当孩子们有疑问时，如果你能一句话回答出来，他们肯定很开心。

税

分为直接税和间接税。
交给国家或所在城市乡镇的是“直接税”。根据收入支付的是“直接税”，企业根据利润支付的是“法人税”。
消费税是“间接税”。通过在店铺买东西等，间接给国家或城市乡镇交纳的税收。这部分税金用于建路、翻新学校、制定义务教育教科书、建设更易于居住的房屋和街道等。

关税

对来自国外的物品，以及带往国外的物品，基本上都需要征收关税。有些情况下，旅行带回来的特产和其他物品等都会根据数量征收一定的关税。

养老金

为了让努力工作了一辈子的人无须再工作也能好好生活，现在的劳动人群合力为其提供的资金。
源于全民携手建设退休生活的理念而出台的制度。

银行

存钱、借钱、产生利息的地方。还可以提取企业的工资，可以给远方的人寄钱。

日本银行

一般人无法在这里存钱。其有三项功能：
1）作为管理银行的银行，负责存取业务；
2）发行货币；
3）作为国有银行，管理税金。

储蓄

存钱，或指被存起来的钱。

存款

存钱。其与“储蓄”的区别在于：
存款＝存入银行、信用金库、劳动金库[1]等机构的金钱。
储蓄＝存入日本邮政银行、JA银行等机构的金钱。

1. 劳动金库是会员制的，以非营利为目的的金融机构。

国债
国家发行的债券。国家从投资者那里借的钱，返还时需要支付利息。国家用这部分钱来维持国民的生活。

利息
借款方还钱时作为感谢的一部分钱。借出方得到的除本金外的钱。还钱时支付的除本金以外的钱。在日本税法中，"利子[1]"用于利子收入、利子税等。

利率
针对每年本金产生的利息所占的比例。如果 1 年存 100 万元，1 年后得到的利息是 1 万元，那么利率是 1%（税金不考虑在内）。

金利
借钱的一方支付的利息占总金额的比例。

单利
本金产生的利息。

复利
本金和利息的总和作为本金产生的利息。

无现金化
不通过纸币和硬币，通过信用卡和预存卡来支付的方式。

储蓄卡
能从银行的自动取款机上取出自己账户上的存款的卡片。近年来，便利店和超市也设置了自动取款机，在全国各地的人都能方便快捷地取钱。

信用卡
即便没有现金，也能用它在店里买东西。可以提前支付。不是每个人都能申请信用卡，只有有信用的人能持有。

1. 利息与利子基本上没有差异，大部分情况下，对于贷款方来说叫"利子"，对于还款方来说叫作"利息"。银行存款产生的叫利息，邮政储蓄银行产生的叫利子。在日本的税务法中，有"利子所得"和"利子税"等说法。

定额分期付款
用信用卡支付的一种方式。买东西时不一次性支付，而是每个月支付一定的费用。因为会产生一定的手续费，所以使用时需谨慎。

借记卡
购物或在餐厅吃饭时可用于支付的卡片。与信用卡不同，其特点是可以从储蓄账户上取款。

预付卡
可以提前预付，可以不断往里充值、反复使用的卡。

电子货币
购物的时候，取代现金用于支付的便利货币。包括SUICA和ICOCA在内的交通IC卡都属于电子货币。

贷款
借钱。

iDeCo
个人自愿加入的补充养老金，一种在年老后能够继续创收的制度。在60岁之前，每月交纳固定金额，该款项用于投资理财或定期存款、参加保险等金融产品。60岁之后，可以取出账户中的钱。

股票
企业募集资金时发行的一种有价证券。可以说是企业价值的体现。想支持企业的人与不想支持的人，可以相互进行股票交易。

股份公司
发行股票、向大众募集资金的公司。

工资
劳动所得的报酬。

倒闭
企业没钱后，无法进行正常运营的状态。

破产
失去所有财产。在法律上，借钱的人无法返还的情况。

景气
不仅包括企业，还包括社会中所有商业活动的进展状况，代表经济活动的整体动向，说明在国家和社会中，金钱是如何流动的。
①经济景气：国家整体经济好的状态。资金在频繁流动。
②经济不景气：国家整体经济不好的状态。人们的钱都处于停滞状态。

本地纳税
纳税人给自己所居住的城乡村镇交纳税金的制度。根据纳税额，有时可以得到礼物！

房租
租借房屋和房间所需要的金额。

恩格尔系数
食物消费所占生活开销的比例。

冷静思考期
在签订合同的时候，如果一方想中止，在一定时间的限制内可以解除契约的制度。

助学金
援助或借贷给想学习的人的资金。也就是用来资助没钱却想学习的人。有些助学金不需要返还，但大部分是在就业后必须返还，所以在借贷助学金时需要深思熟虑。

税理士[1]
税务方面的专家。税务代理、制作纳税文件、接受税务咨询等。

注册会计师
审计和会计方面的专家。

金融策划师
为实现人生目标和梦想而设计综合财务方案，从经济方面实现梦想的方法叫作“金融规划”。制定包括家庭预案在内的金融方案，需要掌握金融、税收、不动产、保险、教育资金、年金制度等等各种知识。金融策划师是具备了这些知识、与咨询者一起思考如何实现梦想和目标的专业人士。

1. 税理士，通过了日本相关资格考试的税务专家，相当于中国的税务师。

参加儿童财商学校讲座的父母与孩子的心声

下面摘取全国讲师收到的来自父母和孩子的亲身体会。

通过财商的学习，孩子们发生了各种各样的变化，这是通向未来的第一步。

孩子把现有的500日元零用钱换成了5个100日元的硬币。他说：“想把1个100日元存储为感谢金。”

（奈良，8岁男孩的监护人N.T　讲师冈）

孩子自从学习了外币的知识后，就去图书馆借了相关的书籍，每天在电视上看汇率，并记录在日历上，在超市买东西的时候也会饶有兴趣地去观察食物的原产地……可以从多角度观察事物了。

（大阪，10岁男孩的监护人S.Y　讲师草野麻里）

只要孩子感兴趣，我们都会接二连三地给他买各种开发智力的玩具，不经意间，东西就越来越多，孩子自身对东西也越来越不珍惜，为了改变这样的状况，我带孩子参加了讲座。这些讲座让我们对将来如何与钱打交道有了新的思考。

（东京，5岁女孩的监护人Y.F　讲师鹤）

我们家的零用钱是跟女儿商量后，根据她当小帮手的情况来决定的。这样一来，往日里总是丢三落四的女儿，开始整理房间了，吃完饭会主动将盘子拿到厨房清洗。不知怎地，连学校的作业和预习都主动做了。

（三重，7岁女孩的监护人E.M　讲师野崎阳平）

我的女儿上小学四年级。我们一块儿商量，开始使用“月零用钱账簿”，不实行固定金额型零用钱制度，而是按劳动量给予零用钱的方式。如果完成了规定的工作，如洗碗或者打扫浴缸等，每周就会给她300日元的“工资”。买了东西后会贴上标签进行管理。每周存储100日元。如果工作中犯错多了就会被扣工资，如果工作努力就会有奖金。自己通过劳动得来的工资由自己管理。当她知道金钱的重要性后，浪费也减少了，用钱更用到点子上了。

（熊本，9岁女孩的监护人T.N　讲师池田惠）

在上课的时候，弟弟的灿烂笑容让我觉得他很享受，哥哥却始终都是一副无所谓的样子。可是回到家后，哥哥很积极地讨论课上的内容：“那家面包店如果不努力还是卖不出去呀！”“兔子老板真可惜！”明明课上的他看起来是那么漫不经心……哥哥的反应让我很吃惊。“感谢妈妈每天努力工作养育我。”当听到哥哥说出这句话的时候，我泪流不止。

（静冈，9岁和6岁男孩的监护人 M.G　讲师相场隆典）

在之前，当我说：“家里没钱了。”我5岁的女儿就说：“那我们去自动取款机取钱吧。”她好像觉得可以从自动取款机上随时随地想取多少就能取多少。听完讲座后某天放学时，在银行的自动取款机前，女儿很骄傲地跟她3岁的弟弟说：“我们家的钱也是有限度的。”在一旁的阿姨们都偷偷地笑起来……

（东京，5岁女孩和3岁男孩的监护人K.N　讲师滨绮虹之介）

我儿子本来并不知道自己将来想干什么。在参加完面包店事例讲座后，他对很多工作都产生了兴趣，想开玩具屋，想开糖果店。他这种想挑战赚更多钱的态度，让我们这些当父母的很欣慰。学习了电子货币后，他还会提醒我不要使用太多信用卡。

（大分，7岁男孩的监护人E.M　讲师篠崎美保）

参考文献

《12 岁之前需要知道的金钱知识》（Takeya Kimiko著 Kanki出版）
《这样的环保有错吗？》（石田秀辉著，田路和幸监制，物部朋子绘，Brainstorm art出版）
《世界的金钱事典》（平井美帆著，佐藤英人协助，汐文社出版）
《知识印象百科：硬币和纸币的事典》（Joe Cribb著，Asunaro书房出版）
《原来如此！金钱的故事》（Martin Jenkins著，北村智绘，吉井一美译，BL出版）
《哆啦 A 梦世界常识——金钱的秘密》（藤子 · F. 不二雄漫画，藤子博客，日本会计师资格协会东京分会监制 小学馆“哆啦 A 梦的房间”编，小学馆出版）

●越来越知晓 金融情报中央委员会
https://www.shiruporuto.jp/public/
“住房”“养老”“准备万一”……这里可以获取生活中有关金钱的各种信息。还提供了包括金融教育以及零用钱支付方式在内的与孩子相关的各种信息。

●厚生劳动省职业分类表
https://www.mhlw.go.jp/index.html

●外务省 欧盟概况
https://www.mofa.go.jp/mofaj/area/eu/data.html

●文部科学省 平成二十八年（2016 年）孩子的年度学费调查
http://www.mext.go.jp/b_menu/toukei/chousa03/gakushuuhi/kekka/k_detail/_icsFiles/afieldfile/2017/12/22/1399308_1.pdf

●家计调查报告劳动者 2018 年平均 P9
http://www.stat.go.jp/data/kakei/sokuhou/tsuki/pdf/files_mr-q.pdf#page=16

●住宅金融支援机构 2017 年年度 flat 35 利用者调查
https://www.jhf.go.jp/files/400346708.pdf

●全国借贷管理商会 全国房租动向 2019 年 3 月动态
https://www.pbn.jp/yachin/date/2019/03/

●教育费家计调查报告劳动者 2018 年平均 P10
https://www.stat.go.jp/data/kakei/sokuhou/tsuki/pdf/fies_mr-y.pdf#page=17

●劳动力调查（基本统计）平成三十一年（2019 年）3 月份（速报）
http://www.stat.go.jp/data/roudou/sokuhou/tsuki/pdf/201903.pdf

●三菱 UFJ 银行 外币汇率一览表
https: //www.bk.mufg.jp/gdocs/kinri/list_j/kinri/kawase.html